Medhat Sabir
Zeb Saddiqe

Alelopatia

Medhat Sabir
Zeb Saddiqe

Alelopatia

ScienciaScripts

Imprint
Any brand names and product names mentioned in this book are subject to trademark, brand or patent protection and are trademarks or registered trademarks of their respective holders. The use of brand names, product names, common names, trade names, product descriptions etc. even without a particular marking in this work is in no way to be construed to mean that such names may be regarded as unrestricted in respect of trademark and brand protection legislation and could thus be used by anyone.

Cover image: www.ingimage.com

This book is a translation from the original published under ISBN 978-3-659-78958-8.

Publisher:
Sciencia Scripts
is a trademark of
Dodo Books Indian Ocean Ltd. and OmniScriptum S.R.L publishing group

120 High Road, East Finchley, London, N2 9ED, United Kingdom
Str. Armeneasca 28/1, office 1, Chisinau MD-2012, Republic of Moldova, Europe
Printed at: see last page
ISBN: 978-620-6-25102-6

Lista de conteúdos

DEDICAÇÕES

Dedico este esforço aos meus respeitados pais

Sr. Sabir Ali

&

Sra. Nighat Firdous

RESUMO

Foram estudados os efeitos biológicos de duas plantas alelopáticas *Tagetes erecta* L. e *Parthenium hysterophorus* L. na germinação e crescimento de sementes de *Z. mays*. Estas plantas têm um potencial para libertar substâncias aleloquímicas. Extractos de metanol de ambas as plantas a 2,5, 5, 7,5 e 10 mg/ml foram aplicados a sementes de *Z. mays* para determinar os seus efeitos na germinação de sementes e no crescimento de plântulas em condições de laboratório. A germinação foi máxima a 2,5 mg/ml e mínima a 7,5 mg/ml de concentração em *P. hysterophorus*, enquanto que em *T. erecta* foi máxima a 7,5 mg/ml e mínima a 5 mg/ml de concentração. Os extractos de *P. hysterophorus* tiveram um efeito estimulante no comprimento da raiz e do rebento a concentrações de 2,5 e 10 mg/ml. *A T. erecta* teve um efeito inibitório no comprimento da raiz e do rebento nas concentrações de 5 e 7,5 mg/ml. A % de fitotoxicidade da raiz e do rebento, no caso do extrato de *P. hysterophorus*, foi negativa nas concentrações de 2,5 e 10 mg/ml, indicando um efeito estimulante do extrato no crescimento da raiz e do rebento no milho. A sua concentração de 7,5 mg/ml mostrou a fitotoxicidade máxima com 100% na raiz e no rebento. *A T. erecta* apresentou maior fitotoxicidade em comparação com os extractos de *P. hysterophorus*. O índice de vigor das plântulas de milho no caso de *P. hysterophorus* foi máximo na concentração de 2,5 mg/ml e mínimo na concentração de 7,5 mg/ml. Enquanto no caso de *T. erecta* o índice de vigor foi máximo a 10 mg/ml e mínimo a 5 mg/ml de concentração. Ambos os extractos de plantas mostraram um índice de tolerância máximo para as sementes de *Z. mays* a uma concentração de 10 mg/ml. A investigação fitoquímica dos extractos brutos de metanol de ambas as plantas mostrou que *a P. hysterophorus* continha flavonóides, fenólicos, triterpenos, alcalóides, antocianinas e cumarinas, enquanto *a T. erecta* continha glicosídeos, saponinas, taninos, flavonóides, fenólicos, triterpenos, alcalóides, betacianinas e cumarinas.

LISTA DE ABREVIATURAS

%	Percentage
cm	Centimeter
ft	Feet
GC-MS	Gas chromatography- Mass spectrometry
TLC	Thin layer Chromatography
HPLC	High performance liquid Chromatography
mg/ml	milligram per mili liter
ml	mili liter
°C	Centidegree
wt	weight
L.	Linnaeous
g	gram
mg	milligram
L	liter
UV	ultra-violet
w/v	weight/volume
dE	dry extract
µL	microliter

Capítulo 1. INTRODUÇÃO

1.1 Alelopatia

A alelopatia pode ser definida como um fenómeno que envolve o efeito direto ou indireto de uma planta sobre outra planta através da libertação de substâncias químicas no ambiente circundante. Este efeito pode ser benéfico, ou seja, estimular o crescimento, ou adverso, ou seja, inibir o crescimento de plantas vizinhas (Rice, 1984).

As primeiras observações registadas sobre a alelopatia entre as ervas daninhas e as culturas foram feitas por Theophrastus (300 a.C.), que descreveu nos seus trabalhos botânicos a forma como o grão-de-bico "esgotava" o solo e destruía as ervas daninhas. Catão, o Velho (234-140 a.C.) escreveu no seu livro que o grão-de-bico e a cevada "queimavam" a terra do milho. Também mencionou que as nogueiras eram tóxicas para outras plantas (Zeng *et al.*, 2008).

A alelopatia tem potencial para a gestão integrada das infestantes. O fenómeno da alelopatia é utilizado na agricultura para melhorar a produtividade das culturas através do controlo de infestantes, pragas e doenças das culturas. Muitas plantas cultivadas têm a capacidade de produzir e exsudar produtos aleloquímicos no seu ambiente para suprimir as infestantes na sua vizinhança. A utilização dessas plantas como fonte de herbicidas naturais e a síntese de novos produtos agroquímicos com base nesses produtos naturais têm merecido a atenção dos cientistas que se dedicam à investigação da alelopatia. Isto pode levar à produção de herbicidas naturais amigos do ambiente com menos efeitos secundários.

1.2 Aleloquímicos

As plantas produzem milhares de substâncias químicas que podem ser libertadas da planta por lixiviação, exsudação, volatilização ou processos de decomposição. Alguns destes compostos, conhecidos como aleloquímicos, podem alterar o crescimento ou as funções fisiológicas das plantas que estão a crescer nas suas proximidades. Os metabolitos secundários produzidos por muitas plantas têm sido investigados por fitoquímicos quanto aos seus potenciais efeitos alelopáticos. Vários metabolitos secundários produzidos por plantas e microrganismos têm um papel importante na formação de interacções e comunidades, influenciando os padrões de vegetação, a taxa e as sequências da sucessão vegetal, a abundância de infestantes e a produtividade das culturas. Assim, nos ecossistemas agrícolas, muitos aleloquímicos têm efeitos prejudiciais no crescimento das culturas associadas e da estação seguinte (Rice, 1984).

Os processos básicos das plantas, como o equilíbrio hormonal, a síntese de proteínas, a respiração, a fotossíntese, as relações hídricas das plantas e a produção de clorofila podem ser afectados pelos aleloquímicos (Yamane *et al.*, 1992).

1.3 Metabolitos secundários como aleloquímicos

Os metabolitos secundários, incluindo os ácidos cinâmico e benzoico, os flavonóides e vários terpenos, são os aleloquímicos mais frequentemente encontrados, mas foram identificadas várias centenas de substâncias químicas, incluindo muitas outras classes de compostos secundários de plantas (Einhellig, 1995).

Em função das diferentes estruturas e propriedades destes compostos, os aleloquímicos podem ser classificados nas seguintes categorias Ácidos orgânicos solúveis em água, álcoois de cadeia linear, aldeídos alifáticos e cetoses; lactonas simples insaturadas; ácidos gordos de cadeia longa e poliacetilenos; quininas (benzoquinona, antraquinona e quininas complexas); fenólicos; ácido cinâmico e seus derivados; cumarinas; flavonóides; taninos; esteróides e terpenóides (lactonas sesquiterpénicas, diterpenos e triterpenóides).

Os aleloquímicos foram isolados de mais de 30 famílias de plantas terrestres e aquáticas. Alguns destes compostos também foram isolados do solo em quantidades adequadas, o que pode reduzir o crescimento das plantas. Embora os aleloquímicos possam influenciar as densidades e a distribuição das plantas, não são considerados suficientemente activos para serem desenvolvidos como produtos herbicidas comerciais. Embora todos os aleloquímicos herbicidas estejam presentes nas plantas sob formas não tóxicas e conjugadas, revelam toxicidade quando expostos a stress ou quando os tecidos morrem.

1.4 Mecanismo de ação dos aleloquímicos

O mecanismo exato dos aleloquímicos ainda não é conhecido, mas as suas acções fisiológicas são conhecidas. Os aleloquímicos activos contra as plantas superiores são normalmente caracterizados por impedirem a germinação das sementes, causarem danos no crescimento das raízes e outros meristemas e inibirem o crescimento das plântulas. Num estudo realizado por Einhellig (1995), sobre duas quinonas, a juglona e a sorgoleona, concluiu-se que a principal ação dos aleloquímicos era sobre a produção de ATP, uma vez que impediam a evolução do oxigénio nos cloroplastos (IC_{50} = 0,2 e 2,0 μM, respetivamente) e também afectavam gravemente as funções mitocondriais. O cloroplasto no complexo do fotossistema II foi bloqueado pela sorgoleona. Os derivados do ácido cinâmico e benzoico podem alterar o potencial da membrana e ter vários efeitos fisiológicos que sugerem que seu local inicial de ação são as perturbações da membrana. Seu limiar (100 a 1000 μM) para inibição do crescimento de mudas está correlacionado com a destruição das relações planta-água. Estes fenólicos podem alterar o teor de clorofila, a absorção de minerais, a fotossíntese, o fluxo de carbono e a atividade das fito-hormonas. A alelopatia sugere que a inibição de uma espécie recetora resulta da ação combinada de vários aleloquímicos com diferentes locais de ação celular.

1.5 Objetivo do presente estudo

A investigação alelopática baseia-se na observação do fenómeno natural e na sua simulação em condições de bioensaio controladas. Este fenómeno pode ser explicado por uma componente ecológica, que é a prova da sua existência na natureza, uma componente química, que consiste em isolar, identificar e caraterizar os aleloquímicos, e uma componente fisiológica, que é o mecanismo de interferência dos produtos químicos nos organismos, tanto a nível celular como molecular. Existem várias concepções de bioensaios que podem ser utilizadas para o estudo dos aleloquímicos que podem ser isolados pelas plantas, juntamente com o crescimento e a distribuição dos aleloquímicos nas plantas e microrganismos visados. Os bioensaios mais comuns para estudar o potencial alelopático das plantas consistem em estudar o efeito de extractos de plantas na germinação de sementes e no crescimento de plântulas de várias plantas. O objetivo do presente estudo foi determinar o efeito de diferentes concentrações de extractos brutos de metanol de duas espécies de plantas, *P. hysterophorus* e *T. erecta,* na germinação de sementes e no crescimento de plântulas de milho (*Zea mays*) em condições laboratoriais.

1.6 Finalidades e objectivos

Os principais objectivos do presente estudo são:

• Determinar o efeito de diferentes concentrações de extractos brutos de metanol de *P. hysterophorus* e *T. erecta* na germinação de sementes de milho (Zea *mays*).

• Determinar o efeito de diferentes concentrações de extractos brutos de metanol de duas espécies de *Asteraceae* no crescimento de plântulas de milho.

• Determinar o efeito alelopático dos extractos para verificar o potencial estimulante ou inibitório das diferentes concentrações utilizadas.

Capítulo 2. REVISÃO DA LITERATURA

2.1 Metabolitos vegetais

Os metabolitos vegetais são compostos orgânicos sintetizados por várias vias metabólicas através de reacções químicas mediadas por enzimas. Estes podem ser classificados em metabolitos primários, que são essenciais para o crescimento e o desenvolvimento e estão presentes em todas as plantas, e em metabolitos secundários, que são específicos das plantas em que se encontram e têm funções específicas, como a atração de polinizadores ou a defesa contra a herbivoria.

2.1.1 Metabolitos primários

Os metabolitos primários são compostos que desempenham papéis essenciais associados à fotossíntese, à respiração, ao crescimento e ao desenvolvimento. Estes incluem hidratos de carbono, lípidos, proteínas e ácidos nucleicos. Encontram-se universalmente no reino vegetal porque são os componentes essenciais de ciclos básicos como a glicólise, o ciclo de Calvin e o ciclo de Krebs. Os metabolitos primários incluem moléculas de combustível ricas em energia, como a sacarose e o amido, componentes estruturais, como a celulose, moléculas informativas, como o ADN (ácido desoxirribonucleico) e o ARN (ácido ribonucleico), e pigmentos, como a clorofila. Os metabolitos primários não só desempenham um papel principal no crescimento e desenvolvimento das plantas, como também actuam como precursores (materiais de partida) para a síntese de metabolitos secundários (Ramakrishna e Ravishankar, 2011)

2.1.2 Metabolitos secundários

Os metabolitos secundários são as moléculas orgânicas que não estão relacionadas com o crescimento e desenvolvimento normais de um organismo. São frequentemente compostos coloridos, perfumados ou saborosos que geralmente medeiam a interação entre plantas e outros organismos. Estas interacções incluem as de planta-polinizador, planta-patogénio e planta-herbívoro. Os metabolitos secundários são um grupo excecionalmente vasto de produtos naturais que são sintetizados por plantas, algas, fungos, bactérias e animais. A maior parte dos metabolitos secundários, como os terpenos, os compostos fenólicos e os alcalóides, são classificados com base na sua origem biossintética. As diferentes classes destes compostos estão frequentemente relacionadas com um conjunto restrito de espécies dentro de um grupo filogenético e compreendem os compostos bioactivos em várias plantas medicinais, aromáticas, corantes e especiarias ou alimentos funcionais.

Os metabolitos secundários são normalmente produzidos pelas plantas durante a transição do crescimento ativo para a fase estacionária. Embora não sejam necessários para o crescimento normal, estes compostos podem ser uma parte essencial do metabolismo celular das plantas que é intempestivamente controlado pelo metabolismo primário, que fornece as enzimas, a energia, os substratos e a maquinaria celular necessários para a sua biossíntese (Roze *et al*, 2011).

Os metabolitos secundários desempenham um papel fundamental na proteção das plantas contra herbívoros e infecções microbianas, actuam como atractivos para polinizadores e animais dispersores de sementes e como agentes alelopáticos, protectores dos raios UV e moléculas sinalizadoras na formação de nódulos radiculares fixadores de azoto nas leguminosas. Os metabolitos secundários são também importantes devido à sua utilização como corantes, fibras, colas, óleos, ceras, agentes aromatizantes, medicamentos e perfumes, e são considerados fontes prováveis de novos medicamentos naturais, antibióticos, insecticidas e herbicidas (Croteau *et al.* 2000; Dewick 2002).

2.2 Alelopatia e controlo das ervas daninhas

A alelopatia continua a ser uma fonte não utilizada para o controlo das infestantes nas culturas, mas revela uma resposta significativa na gestão das infestantes. O controlo químico das infestantes tornou-se mais competente e económico nos dias de hoje, mas algumas infestantes são capazes de resistir a estes pesticidas e herbicidas, tornando-os menos eficazes (Tranel & Wright, 2002; De Prado & Franco, 2004). Por este motivo, a atenção foi desviada para o desenvolvimento de bio-herbicidas. A principal fonte de herbicidas são os produtos naturais produzidos pelas plantas. Muitas plantas têm efeitos herbicidas noutras espécies vegetais (Marcias *et al.,* 2004; Vasilakoglou *et al.*, 2005; Dhima *et al.*, 2006; Javaid *et al.*, 2008).

2.3 Família Asteraceae

As Asteraceae (Compositae) é a família de plantas vasculares mais rica do mundo, com 1600-1700 géneros e 24.000-30.000 espécies (Funk *et al.*, 2005). Distinguem-se facilmente pelos floretes agrupados em capitula, e o fruto é uma cipsela frequentemente com um pappus. Esta família é considerada uma das famílias mais avançadas devido à estrutura complexa e altamente evoluída das suas estruturas reprodutivas compostas com várias flores.

2.3.1 Hábito e habitat

Os membros da família Asteraceae estão presentes em quase todas as formas de vida: ervas, suculentas, lianas, epífitas, árvores ou arbustos, e atingem todos os ambientes e continentes, exceto a Antárctida (Funk *et al.*, 2005)

2.4 *Parthenium hysterophorus* L.

P. hysterophorus é nativa da América tropical e está amplamente distribuída em diferentes partes da

Ásia, Austrália e África (Navie *et al.,* 1996). É vulgarmente conhecida como 'altamisa', erva-cenoura, erva-amarga, erva-estrela, top branco, feverfew selvagem, o "Flagelo da Índia" e erva-do-congresso (Patel, 2011).

2.4.1 Classificação taxonómica

Reino: Plantae

Classe: Dicotiledóneas

Ordem: Asterales

Família: Asteraceae

Género: *Parthenium*

Espécie: *hysterophorus*

2.4.2 Descrição morfológica

A P. hysterophorus é uma erva erecta e abundantemente ramificada. *A P. hysterophorus* é uma erva daninha prolífica, produzindo milhares de pequenos capítulos brancos, cada um com cinco sementes quando atinge a maturidade (Patel, 2011). A sua altura varia entre 50-150 cm, o caule é altamente ramificado; a folha é simples com folíolos profusamente dissecados; as cabeças de flores estão presentes em corimbos, filários 10 em 2 séries, ovados, brancos opacos, 3-4 mm de diâmetro; floretes de disco: numerosos, branco baço; estame - 4, antero-exercitado; ovário estéril; florete de raio: encontrado imediatamente oposto aos filários internos, apenas 5 floretes de raio por cabeça de flor, corola obsoleta, estigma-partido, estame-ausente, estilo curto, ovário oval, achatado dorsiventralmente. Fruto cipselas, cada cabeça de flor com 5 cipselas, de forma plana e triangular com apêndices finos, brancos, em forma de colher (Maharjan, 2006).

2.4.3 *P. hysterophorus* na medicina popular

A P. hysterophorus está a ser utilizada na medicina tradicional e popular em todo o mundo. A sua decocção tem sido usada na medicina tradicional para tratar febre, diarreia, disenteria, malária, distúrbios neurológicos, infecções urinárias, e como emenagogo (Ramos *et al.*, 2001). Alguns usos da planta em diferentes áreas do mundo estão resumidos na tabela 2.1.

Quadro 2.1 Utilizações medicinais e afins de *P. hysterophorus* (Elaborado a partir de Towers *et al.,* 1977)

País/local	Utilização
Barbados	As flores e as folhas são utilizadas para o tratamento de inflamações,

Cuba	eczemas e erupções cutâneas.
	Considerada uma planta medicinal, utilizada principalmente para a febre.
Guadalupe	Utilizado em febre, herpes e dores reumáticas.
Guadalupe e Martinica	Utilizado para curar os males femininos.
Guiana	Utilizado em erupções cutâneas.
Jamaica	Utilizada em banhos de resolução, infusões, tratamento de feridas, preparação de decocções para constipações, preparação de banhos para pulgas em cães e para banhos de mato na zona de Kingston e talvez também noutros locais.
Trinidad	Utilizado juntamente com outras ervas na preparação de banhos de bucha para a limpeza da pele.
México	Utilizado como analgésico no reumatismo muscular, como remédio contra dores de cabeça e feridas ulceradas.
Ilhas Virgens Americanas	Utilizado para tensões musculares, como analgésico, vermífugo e em problemas cardíacos
Montgomery, Alasca (EUA)	eficácia comprovada como tónico para a pele por pessoas idosas
Sikkim, Índia	Considerada como uma planta medicinal.

2.4.4 *P. hysterophorus* como planta daninha em agroecossistemas

A P. hysterophorus foi introduzida em 1955 na Índia através da utilização de sementes importadas e, nessa altura, já se encontrava espalhada na maior parte da Índia (Chandras e Vartak, 1970). Provavelmente esta erva daninha foi introduzida no Paquistão a partir da Índia. *A P. hysterophorus* está a espalhar-se rapidamente em várias áreas do Punjab, Khyber Pakhtoon Khawa e Caxemira, e está a tornar-se uma das principais espécies de infestantes em diferentes ecossistemas terrestres, substituindo a flora local (Javaid e Anjum, 2005; Javaid *et al.,* 2007). A erva daninha é extremamente invasiva por natureza e tem a capacidade de formar povoamentos gigantes de monocultura. Tornou-se uma das principais ervas daninhas dos ecossistemas agrícolas do Paquistão (Adkin e Navie, 2006). A maioria dos problemas agrícolas e ambientais deve-se a esta infestante (Evans, 1997). Apresenta um forte potencial alelopático contra as espécies de plantas relacionadas

(Singh *et al.*, 2002). *A P. hysterophorus* é também perigosa para a saúde humana e animal (Evans, 1997). Esta erva daninha é a principal causa de dermatite de contacto transmitida pelo ar, uma reação de hipersensibilidade de tipo IV foi relatada na Índia e também causou hipersensibilidade de tipo I em indivíduos atópicos sob a forma de rinite alérgica e asma (Kumar *et al.*, 2012).

2.4.5 Efeitos alelopáticos de *P. hysterophorus*

No passado, *a P. hysterophorus* espalhou-se a partir do seu habitat comum, principalmente a região em redor do Golfo do México, incluindo as Antilhas e muito provavelmente a Argentina central (Towers *et al.*, 1977; Picman e Towers, 1982), por todas as regiões tropicais e tornou-se um problema grave em muitas partes do mundo. A planta daninha invade principalmente habitats perturbados, bem como ecossistemas agrícolas, o que se deve em grande parte à sua elevada adaptabilidade e competitividade em condições ecológicas e climáticas contrastantes (Tower *et al.*, 1977). Uma vez estabelecida, *a P. hysterophorus* pode formar povoamentos densos e puros sob os resíduos vegetais, e as sementes acumulam-se e tornam o solo incompatível com outra vegetação (Kanchan e Jayachandra, 1979a, b; Kohli e Batish, 1994). É o facto de quase nenhuma outra flora invadir essas manchas ou a sua localidade que leva a supor que a alelopatia também pode estar a funcionar (Kanchan e Jayachandra, 1979a; Kohli e Batish, 1994; Singh *et al.*, 2003).

O extrato completo de rebentos, extractos de partes de plantas, e resíduos de rebentos de *P. hysterophorus* foram testados quanto ao seu efeito alelopático no crescimento de *Z. mays*, *Lolium multiflorum*, *T. aestivum*, *Abutilon theophrasti* Medik, e *G. max* por Mersie e Singh (1987). O material solúvel em água presente no rebento de *P. hysterophorus* foi considerado tóxico para o crescimento da raiz de *T. aestivum* e *A. theophrasti* na concentração de 4% (p/v) e reduziu o crescimento da raiz em 60 e 75%, respetivamente. A folha de veludo foi a mais sensível a *P. hysterophorus* e o azevém foi o menos sensível. A concentração do extrato e o aumento da toxicidade de *Z. mays*, *L. multiflorum*, *T. aestivum*, *A. theophrasti* e *Glycine max* estavam fortemente correlacionados. O efeito tóxico das diferentes partes da planta dependeu da concentração do extrato. Os extractos da inflorescência e das folhas causaram uma maior inibição do crescimento da raiz a 1 e 2% (p/v) em comparação com os extractos do caule. Os rebentos de *P. hysterophorus* incorporados no solo a 1% (p/p) causaram uma inibição muito maior da raiz de *T. aestivum do* que as outras plantas testadas. O crescimento das raízes de todas as plantas testadas foi inibido a 4% (w/w). O aumento do período de decomposição diminuiu a toxicidade de *P. hysterophorus* contra *T. aestivum*. O resíduo decomposto (durante 4 semanas) foi muito menos tóxico em comparação com o resíduo não decomposto.

Swaminathan *et al.* (1990) testaram o efeito alelopático dos lixiviados compostos de folhas, caule e flores de *P. hysterophorus* na germinação de quatro espécies de árvores - *Acacia leucophloea,*

Casuarina equisetifolia, Eucalyptus tereticornis e *Leucaena leucocephala* e três culturas agrícolas - feijão-frade (*Vigna unguiculata*), sorgo (*S. bicolor*) e girassol (*Helianthus annuus*). A germinação das sementes destas plantas foi inibida pelo lixiviado. Nas plantas arbóreas, os efeitos nocivos foram praticamente os mesmos sob diferentes concentrações de extrato (2 ou 4 ml de água destilada por g de tecido vegetal). Nas culturas arbóreas, o alongamento da plúmula e da radícula não foi afetado pelo lixiviado, ao passo que o girassol foi grandemente afetado e a sua plúmula foi reduzida em comparação com a radícula do feijão-frade. No sorgo, apenas o crescimento da radícula foi afetado. A germinação e o crescimento das plântulas foram inibidos devido à presença de partenina em *P. hysterophorous*.

Pandey *et al.* (1993) estudaram o efeito alelopático de resíduos de folhas de *P. hysterophorus* no jacinto-de-água (*Eichhornia crassipes*). Provocou a murchidão e a dessecação das partes da planta. Este tratamento alelopático afectou drasticamente o número de folhas frescas e saudáveis e diminuiu a biomassa a 0,25% (p/v). Nesta situação, as plantas recuperaram no prazo de 1 mês, mas quando as plantas foram tratadas a 0,5% (p/v) ou mais de pó de folhas secas, as plantas morreram no prazo de 1 mês. Isto deveu-se à deterioração da integridade da membrana, à perda de atividade da desidrogenase com redução completa da absorção de água e à redução da clorofila nas folhas. Os resultados indicaram que os inibidores lixiviados através do pó de folhas secas afectaram gravemente as plantas de jacinto de água através de alterações nas macromoléculas, resultando em disfunção da raiz e actividades inibitórias da raiz e do rebento. Os fenólicos e outros inibidores, exceto as lactonas sesqueterpénicas, não afectaram as plantas testadas a 50 ppm. A alta concentração de aleloquímicos raramente estava presente no meio na dose letal (0,50% p/v) do pó. Assim, o estudo confirmou que outros aleloquímicos, incluindo as lactonas sesqueterpénicas, também podem ser responsáveis pela atividade inibidora das folhas secas na planta do jacinto de água.

Tefera (2002) estudou os efeitos alelopáticos da erva daninha *P. hysterophorus* na germinação de sementes e no crescimento de plântulas de *Eragrostis tef*. Extractos aquosos de raiz, caule, flor e folha de *P. hysterophorus* em concentrações de 0, 1, 5 e 10 % foram aplicados a sementes de E.tef para determinar os seus efeitos na germinação de sementes de tef e no crescimento de plântulas em condições de laboratório. A concentração de 10% do extrato de folhas de *P. hysterophorus* inibiu completamente a germinação das sementes, enquanto os extractos aquosos do caule e da raiz não tiveram qualquer efeito sobre a germinação. As raízes mostraram mais sensibilidade ao efeito alelopático do que os rebentos. Os extractos da flor, da raiz e do caule tiveram um efeito estimulante no comprimento dos rebentos em todas as concentrações, ao contrário do efeito inibitório dos extractos das folhas. Os extractos de raiz a baixa concentração (1%) promoveram fortemente o comprimento da raiz, mas os extractos aquosos da folha e da flor reprimiram o comprimento da raiz.

Singh *et al.* (2003) efectuaram um estudo para investigar as propriedades alelopáticas de resíduos queimados e não queimados de *P. hysterophorus* relativamente ao crescimento de duas culturas de inverno - rabanete e grão-de-bico. Ambos os extractos foram inibidores do comprimento das plântulas. Foram realizados estudos de crescimento em solo alterado com extractos queimados e não queimados e os resíduos também resultaram em efeitos fitotóxicos para as culturas testadas. Os resíduos não queimados foram mais activos do que os resíduos queimados.

Belza *et al.* (2005) estudaram a resposta de cinco plantas (*Ageratum conyzoides, Echinochloa crusgalli, Eragrostis curvula, Eragrostis tef, Lactuca sativa*) a extractos de folhas frescas de *P. hysterophorus* em condições laboratoriais em bioensaios de dose-resposta. As espécies vegetais responderam de forma diferente aos extractos de folhas e mostraram vários níveis de sensibilidade. *A. conyzoides* foi a mais sensível com valores ED50 de 24,8 mg de extrato/ml e 53,6 mg/ml para a inibição do comprimento da raiz e da germinação, respetivamente.

Wakjira *et al.* (2005) relataram que *P. hysterophorus* reduziu significativamente a germinação de sementes e o crescimento de plântulas de alface. Os extractos do caule e da raiz tiveram efeitos muito reduzidos nos rebentos, mas as raízes foram mais sensíveis aos efeitos alelopáticos *de P. hysterophorus*. Assim, a remoção de ervas daninhas dos campos de alface numa fase inicial pode evitar a germinação deficiente e o crescimento das plântulas.

Maharjan *et al.* (2007) estudaram os efeitos alelopáticos do extrato aquoso de folhas de *P. hysterophorus* na germinação de sementes e no crescimento de plântulas de oito plantas, nomeadamente *Oryza sativa, Z. mays, T. aestivum, Raphanus sativus, Brassica campestrus, Brassica oleracea, Artemisia dubia* e *Ageratina adenophora*, em várias concentrações. Na concentração de 2%, a germinação de sementes em *T. aestivum, Raphanus sativus, B. campestris* foi completamente inibida. A germinação de sementes de *Z. mays* não foi totalmente inibida a uma concentração elevada de extrato, apenas diminuiu a germinação de sementes. O extrato afectou fortemente o alongamento da raiz de *Z. mays* e afectou ligeiramente o alongamento da raiz.

A P. hysterophorus pode ser utilizada como estrume, biocontrolo e ameliolado do solo, a fim de melhorar as propriedades físicas, químicas e biológicas do solo, que é uma fonte de nutrientes. *A P. hysterophorus* também melhora a qualidade do solo. Como *a P. hysterophorus* é responsável pela melhoria da saúde do solo, é amplamente utilizada na agricultura (Prem Kishor *et al.*, 2010)

Dhole *et al.* (2011) estudaram os efeitos alelopáticos de extractos aquosos da erva daninha *P. hysterophorus* na germinação de sementes e na emergência de plântulas de algumas culturas

cultivadas, incluindo *Triticum aestivum, Z. mays, Sorghum vulgare, Gossypium hirsutum e G. max.*
No caso de *Z. mays,* a germinação de sementes foi completamente reprimida a uma concentração de
2% de extrato de folhas de *P. hysterophorous,* enquanto no caso de *T. aestivum* reduziu
gradualmente a germinação de sementes até 10%. Em *S. vulgare* foi inibida a 6%. A inibição
máxima ocorreu em *G. max e G. hirsutum* a 4 %. O extrato aquoso da erva daninha *P.
hysterophorus* não mostrou nenhum efeito inibitório no crescimento da raiz e no desenvolvimento
de rebentos de *T. aestivum,* mas mostrou fortes efeitos inibitórios em todas as outras culturas
cultivadas.

Belgeri *et al.* (2011) estudaram uma técnica "a técnica de sementeira de estafetas" que é muito útil
na deteção de aleloquímicos perturbadores do crescimento de *P. hysterophorus* e dos seus efeitos no
crescimento de espécies de gramíneas e de folhas largas. Diferentes espécies de plantas têm
respostas diferentes às infestantes. Em algumas espécies, o comprimento da raiz diminui, por
exemplo, a erva moinho de vento, a erva buffel e, noutras espécies, o comprimento da raiz aumenta
quando crescem com ervas daninhas, por exemplo, a erva Rhodes. Os resultados sugerem que *P.
hysterophorus* tem a capacidade de interferir com o crescimento das plantas numa fase muito
precoce.

Devi e Dutta (2012) estudaram o efeito alelopático de extractos aquosos de folhas de *P.
hysterophorus* e *Chromolaena odorata* na germinação de sementes e no crescimento de plântulas de
Z. mays. Os extractos foram testados a 2, 4, 6, 8 e 10% de concentração. A germinação das
sementes foi inibida em todas as concentrações testadas da planta. A inibição máxima no
crescimento da radícula e da plúmula de *Z. mays* foi observada na concentração mais elevada de
10%.

2.4.6 Controlo biológico de *P. hysterophorus*

Foram feitas várias tentativas para eliminar *P. hysterophorus* dos campos de cultivo utilizando
métodos químicos, físicos e biológicos. Nas páginas seguintes são apresentados alguns estudos
relativos ao controlo biológico da infestante através da utilização de extractos de plantas.

Javaid *et al.* (2006) estudaram os efeitos herbicidas de extractos aquosos de rebentos e raízes de três
culturas alelopáticas, *H. annus, S. bicolor* e *O. sativa,* contra a germinação e o crescimento de *P.
hysterophorus.* A experiência foi realizada em placas de Petri, utilizando extractos aquosos de
raízes e rebentos de materiais vegetais frescos das culturas testadas em diferentes concentrações de
5, 10, 15, 20 e 25% (p/v). O estudo mostrou efeitos mínimos no comprimento dos rebentos e na
biomassa das plântulas, enquanto a germinação e o comprimento das raízes da erva daninha foram
significativamente reduzidos pelos extractos de todas as culturas testadas.

Javaid e Anjum (2006) referiram que a germinação e o crescimento inicial das plântulas da erva daninha alóctone *P. hysterophorus* podiam ser reduzidos utilizando extractos de raízes e rebentos de três gramíneas alelopáticas, nomeadamente *Dicanthium annulatum, Cenchrus pennisetiformis* e *Sorghum halepense*. Os extractos aquosos de *C. pennisetiformis* e *D. annulatum* apresentaram os efeitos inibitórios mais elevados em comparação com *S. halepense*. A maior capacidade de supressão foi obtida por extractos de *C. pennisetiformis*, em que 20% de extrato de rebentos e 25% de extrato de raízes inibiram completamente a germinação de *P. hysterophorus*. Em geral, os extractos de rebentos foram mais inibitórios do que os extractos de raízes.

Wakjira *et al.* (2009) estudaram os efeitos alelopáticos do composto de *P. hysterophorus* e investigaram se a proporção de *P. hysterophorus* compostado com outros materiais vegetais tem ou não um efeito no potencial alelopático de *P. hysterophorus*. A alface foi selecionada como planta modelo para a realização de duas experiências de crescimento e emergência. A erva daninha *P. hysterophorus* fresca diminuiu a percentagem e a taxa de emergência da alface e os comprimentos da radícula e da plúmula em 93, 95, 97 e 93%, respetivamente, enquanto *a P. hysterophorus* compostada reduziu a percentagem e a taxa de emergência e os comprimentos da radícula e da plúmula em 0, 33, 35 e 43%, respetivamente. A compostagem de *P. hysterophorus* com outros materiais vegetais diminuiu mais os efeitos de inibição alelopática de *P. hysterophorus* na taxa de emergência da alface e nos comprimentos da radícula e da plúmula do que a compostagem de *P. hysterophorus* isoladamente. Os resultados revelaram que a compostagem reduziu grandemente os efeitos alelopáticos da *P. hysterophorus* em comparação com a *P. hysterophorus* fresca. Além disso, a compostagem de *P. hysterophorus* com outras plantas resultou numa menor inibição da taxa de emergência, comprimento da radícula e da plúmula em comparação com a compostagem de *P. hysterophorus* isolada. Assim, sugeriu-se que a compostagem de *P. hysterophorus* com materiais vegetais disponíveis localmente deve ser utilizada como meio de reduzir o seu efeito inibidor alelopático e como forma de gestão de *P. hysterophorus* através da utilização.

2.4.7 Produtos aleloquímicos de *P. hysterophorus*

Kanchan e Jayachandra (1980a) referiram que os principais fitoquímicos envolvidos na resposta alelopática de *P. hysterophorus* são lactonas sesqueterpénicas e fenólicos que são solúveis em água. Os principais constituintes encontrados foram os ácidos fenólicos, incluindo o ácido cafeico, o ácido vanílico, o ácido ferúlico, o ácido clorogénico e o ácido anísico, e os ácidos orgânicos, como o ácido fumárico, foram constituintes importantes das partes da planta secas ao ar.

Foi reconhecido que *P. hysterophorus* liberta compostos fitotóxicos através da exsudação radicular (Kanchan e Jayachandra, 1980a), da descarga de partes vegetativas de plantas vivas (Kanchan e Jayachandra, 1980a, b), do complexo aquénio (Picman e Picman, 1984; Reinhardt *et al.*, 2004) e da decomposição de resíduos vegetais (Kanchan e Jayachandra, 1980a, 1980b; Pandey *et al.*, 1993a, b, 1994a, b; Kohli *et al.*, 1996). Os efeitos inibitórios puderam ser verificados em condições laboratoriais para cada método de libertação de toxinas.

Quadro 2.2 Metabolitos secundários fenólicos e alcalóides (incluindo aleloquímicos) em *P. hysterophorus* e as suas actividades biológicas comunicadas.

Constituinte	Ocorrência	Referência	Atividade biológica comunicada do constituinte	Referência
Ácidos fenólicos				
1. Ácido cafeico	Folha, caule,	Kanchan	Alelopatia,	Gross, 1975;
2. Ácido vanílico	raiz, flor,	e	fitotoxicidade,	Lodhi e
3. Ácido ferúlico	pólen e	Jayachandra,	atividade herbicida,	Killingbeck,
4. clorogénico ácido	tricomas, dependendo de	1980b; Das e Das,	crescimento, regulação / inibição; e	1980; Patterson, 1981; Rice, 1984;
5.p-Cumárico ácido	partes de plantas e outros factores.	1995	nitrificação e bactérias nitrificantes	Mersie e Singh, 1988;
6.p-Hidroxiácido benzoico	A localização celular habitual é em vacúolos.			Pandey, 1994b; Pandey *et al.*, 1996b; Pandey e Mishra, 2002
Flavonóides				
1. quercetagetina -3,7- éter dimetílico	Folha, caule, flor e pólen, habitual	Rodriguez *et al.*, 1971; Rodriguez,	Antioxidante actividades, efeitos de limpeza	Harborne e Williams, 2000; Rusak *et al.*, 2002
2. 6-Hidroxi kempferol-3,7- éter dimetílico	celular a localização é nos vacúolos.	1977; Torres *et al.*, 1977	ativado carcinogéneos e mutagénicos, ação sobre a	
3. Kaempferol 3-O-glucósido			progressão do ciclo celular, alteração da expressão genética,	
4. Quercetina 3- O-glucósido			proteção das plantas contra os raios UV-B,	

			prevenção de infecções
5. Kaempferol-3-*O*-glucoarabinoside			microbianas, proteção das plantas contra herbívoros, etc.
6. Lignano (+) - siringaresinol			

Alcalóides

Alcalóides-2 (Não identificado)	Folha, caule, raiz, flor.	Rodriguez, 1977 Celular habitual... a localização é nos vacúolos.	

Quadro 2.3 Pseudoguaianolida e metabolitos secundários de óleos (incluindo aleloquímicos) em *P. hysterophorus* e as suas actividades biológicas comunicadas

Constituinte	Referência	Atividade biológica relatada do constituinte	Referência
Pseudoguaianolídeos			
1. partenina	Herz e		
2. anidropartenina	Hogenauer, 1961;	Citotóxico, antitumoral	Fay e Duke
3. ambrosina	Romo de Vivar *et*	Antibacteriano,	1977;
4. coronopilina	*al.*, 1966;	antifúngico	Narasimhan *et*
5. donzela	Rodriguez *et al*,	Fitotóxico,	*al.*, 1985;
6. Hymanin	1976;	antiprotozoário,	Picman, 1986;
7,8-e-hidroxipartenina	Towers *et al*,	Atividade contra	Pandey, 1996b;
8.2-e-Hidroxicoronopilina	1977;	humanos e animais	Warshaw e
9. tetraneurina-A	Wickham *et al*,	parasitas, incluindo	Zug, 1996;
10. Ambrosanolidas	1980;	anfitriões intermédios	Sharma e
11. charminarone	Picman *et al*,	Inseticida,	bhutani, 1988;
12,8-e-Acetoxiesterona C	1980 ;	Moluscicida,	Hooper *et al*,
		Alimentação de	
13. desacetiltetraneurina A	Picmn *et al.*, 1982;	vertebrados	1990;

14. histerina	Picmn, 1986;	dissuasão e	Tafera, 2002;
15.Hysterone E	Venkataiah *et al*,	toxicidade,	Verma *et al*,
16.Hysterone D	2003;	Contacto alérgico	2002;
17. Conchasin A	Ramesh *et al*,	dermatite,	Ramesh *et al*,
18. acetilado	2003;	Mitocondrial	2003;
Pseudoguaianolídeos	Das *et al*,	oxidativo	Verma *et al*,
19. escopoletina (pertence à família das	2005,2006;	fosforilação	2004;
cumarina	Das *et al*., 2007.	inibição,	Sharma *et al*,
20. di-hidroxipartenina		Alelopático, Anti-	2005;
		inflamatório,	Lakshami e
		Antimaláricos	srinivas, 2007;
	Regina *et al*., 2007;		
	Das *et al*., 2007;		
	Krenn *et al*., 2009.		

Óleos

I.α-pineno			
2. canfeno	Kumamoto *et al*,	Anti-fúngico,	Uribe *et al*,
3.e-pineno	1985.	Anti-bacteriano,	1985;
4. sabineno		Anti-microbiano,	Lima *et al*,
5.e-mirceno		Virucida,	1993;
6.a-terpeno		Antiparasitário,	Velickovic *et*
7. limoleno		Inseticida,	*al*., 2002;
8.e-ocimeno		Medicinais e	Damjanoviae-
9. ocimeno		cosmético	vratnica *et al*,
10.p-cimeno		aplicações,	2008;
11. linelool		E citotóxicos	Bakkali *et al*,
12. cariofileno			2008;
13. humuleno			Ogendo *et al*,

15. muitos compostos não identificados

2.4.8 Partenina: o aleloquímico de *P. hysterophorus*

A partenina é uma lactona sesqueterpénica. É o metabolito secundário ativo e o principal componente da *P. hysterophorus* (Hernàndez *et al.*, 2011). Foi confirmado que a partenina é libertada de diferentes partes da planta para o solo; no entanto, existe menos informação sobre a sua contribuição para o efeito alelopático da planta.

Swaminathan *et al.* (1990) testaram o efeito alelopático dos lixiviados compostos de folhas, caule e flores de *P. hysterophorus* na germinação de quatro espécies de árvores - *Acacia leucophloea, C. equisetifolia, E. tereticornis* e *Leucaena leucocephala* e três culturas agrícolas - feijão-frade (*V. unguiculata*), sorgo (*S. bicolor*) e girassol (*H. annuus*). Os lixiviados inibiram a germinação e o crescimento de todas as plantas testadas.

O estudo relatou que a germinação e o crescimento das plântulas foram inibidos devido à presença de partenina em *P. hysterophorous*.

Belz *et al.* (2005) relataram que, embora *P. hysterophorus* tenha uma capacidade competitiva, o seu efeito tóxico deve-se à alelopatia. O agente alelopático responsável por esta espécie é a partenina por ela produzida. O nível de envolvimento da partenina na fitotoxicidade do material foliar em decomposição foi realizado numa população sul-africana de *P. hysterophorus*. A libertação natural de inibidores durante a decomposição da folha foi estimulada por extração aquosa de material fresco da folha. A resposta das plantas de amostra (*A. conyzoides, Echinochloa crusgalli, E. curvula*, E. tef, *L. sativa*) aos extractos foi avaliada em condições laboratoriais em bioensaios de dose-resposta. As espécies de plantas responderam de forma diferente aos extractos de folhas e mostraram vários níveis de sensibilidade, pelo que *A. conyzoides* foi a mais sensível com valores ED50 para o comprimento da raiz de 24,8 mg de extrato/ml e 53,6 mg/ml para a inibição da germinação. A quantidade de partenina nos extractos das folhas foi determinada utilizando HPLC, e a fitotoxicidade das concentrações quantificadas dos extractos foi avaliada em bioensaios de dose-resposta de compostos puros. *A. conyzoides* foi novamente o mais sensível, com valores ED50 para a inibição do comprimento da raiz e da germinação pela partenina de 51,8 e 289,9 mg/ml, respetivamente. Provou-se que os tratamentos com partenina atrasam drasticamente a germinação e estimulam o crescimento da raiz em doses baixas. Foi revelado que o envolvimento da partenina dependia consideravelmente da sua concentração nas soluções de extrato e variava entre 16% e 100% da fitotoxicidade global dos extractos de folhas. A inibição pode ser completamente reproduzida por tratamentos com partenina pura em quantidades quantificadas, quando as soluções de extrato com níveis elevados de partenina foram testadas na espécie mais sensível, *A. conyzoides*. Isto sugeriu que a libertação de partenina durante a decomposição do material foliar tem um potencial para desempenhar um papel de liderança na alelopatia em *P. hysterophorus*; contudo, o seu impacto num ambiente natural dependerá muito da quantidade de material foliar acumulado na superfície do solo e da concentração de partenina nos resíduos.

2.5 *Tagetes erecta* L.

A Tagetes erecta, também conhecida como calêndula, é uma planta ornamental comum pertencente à família Asteraceae. Trata-se de uma erva aromática anual.

2.5.1 Classificação taxonómica

Reino: Plantae

Classe: Dicotyledonae

Ordem: Asterales

Família: Asteraceae

Género: *Tagetes*

Espécie: *erecta*

2.5.2 Descrição morfológica

Os malmequeres são plantas altas e erectas que crescem até um metro de altura. As flores são grandes e em forma de globo, medindo até 5 polegadas de diâmetro. A cor destas flores é laranja a amarelo. Os malmequeres africanos são plantas de cama de alta qualidade. A calêndula africana demora muito tempo a atingir a fase de floração em comparação com o tipo francês.

2.5.3 Utilizações na medicina popular

A planta era muito utilizada no passado para o tratamento de feridas. Liberta um óleo essencial altamente aromático, também chamado óleo de Tagetes, que é utilizado para a composição de perfumes de alta qualidade. As flores são utilizadas na medicina popular para o tratamento de diferentes doenças, como febres, ataques epilépticos, adstringentes, carminativas, estomacais, sarna e problemas hepáticos, sendo também utilizadas em doenças dos olhos. São utilizadas para purificar o sangue e o sumo da flor também é utilizado como remédio para hemorragias nas hemorróidas e no reumatismo, constipações e bronquite (Kirtikar e Basu, 1987; Ghani,1998; Nikkon *et al* 2009). Os compostos químicos libertados das folhas são considerados muito valiosos contra problemas renais, hemorróidas, dores musculares, úlceras, feridas, furúnculos e carbúnculos. É relatado que apresenta actividades antioxidantes, antimicóticas e analgésicas.

2.5.4 Componentes fitoquímicos

A análise fitoquímica de diferentes partes da planta resultou no isolamento de vários constituintes químicos, tais como tiofenos, flavonóides, carotenóides e triterpenóides. Dezoito compostos activos foram identificados por GC-MS em *T. erecta*, muitos dos quais são terpenóides (Gutirrez *et al.*, 2006; Bashir e Gilani, 2008).

2.5.5 Efeito alelopático

A plantação da cultura de *T. erecta* é muito benéfica em vários aspectos. Está cientificamente provado que *a T. erecta* liberta uma substância química especial com um odor pungente para a inibição do ataque de nemátodos das galhas, gorgulhos da vinha e vários outros insectos, fungos, bactérias e vírus. As malmequeres têm sido plantadas entre canteiros de solanáceas na Índia para a gestão de nemátodos e insectos pragas desde o início (Khan *et al.*, 1971). Uma substância química libertada pelas raízes de *T. erecta* conhecida como α-terthienyl é de grande importância pelas suas características nematicidas. Os tiofenos são uma das classes mais importantes de compostos da calêndula com capacidades antivirais consideráveis (Soule, 1993).

As raízes de *T. erecta* libertam a substância química alfa-terthienyl, que é um dos compostos naturais mais tóxicos (Gommers e Bakker, 1988). Este composto químico tem características nematicidas, insecticidas, antivirais e citotóxicas. Os nemátodos dependem de compostos alelopáticos para o seu desenvolvimento e alimentação.

Campbell *et al.* (1982) referiram que o α-terthienyl, que é um derivado de poliacetileno de ocorrência natural obtido a partir das raízes de *T. erecta*, pode ser o provável agente alelopático contra quatro espécies de plântulas (*Asclepias syriaca, Chenopodium album, Phleum pratense, Trifolium pratense*). *A. syriaca* foi a espécie mais sensível. A atividade alelopática foi amplificada na presença de luz solar ou fontes de UV próximo, com LC_{50} de 0,15, 0,27, 0,79 e 1,93 ppm para *A. syriaca C. album, P. pretense* e *T. pretense*, respetivamente. As plântulas de plantas foram tratadas com α-terthienyl e observou-se a inibição do seu crescimento. A germinação das plântulas revelou-se sensível ao α-terthienyl com ou sem tratamento UV próximo. As concentrações calculadas para o solo (0,4 ppm) mostraram que o crescimento das plântulas poderia ser altamente retardado. A atividade e a especificidade do α-terthienyl foram satisfatoriamente elevadas para exigir futuros ensaios de campo para avaliar o seu potencial como agente natural de controlo de ervas daninhas.

Shafique *et al.* (2011) estudaram a utilização de *T. erecta* porque contém constituintes herbicidas para a gestão da erva daninha *P. hysterophorus*. Os efeitos herbicidas dos extractos aquosos do solo, da raiz, do rebento e da flor da planta alelopática *T. erecta* foram testados contra a germinação e o crescimento da erva daninha *P. hysterophorus*. Numa experiência realizada em placas de Petri, os extractos aquosos da flor, do rebento e do solo rizosférico a 2,4,6,8 e 10% (em bases de peso fresco) impediram a germinação e o crescimento de plântulas de *P. hysterophorus*. Na técnica de pulverização foliar, extractos aquosos de partes aéreas da planta à concentração de 10% p/v (em bases de peso seco) foram pulverizados em plântulas de *P. hysterophorus* cultivadas em vaso com uma e duas semanas de idade. Foram efectuadas duas pulverizações sucessivas com um intervalo de 5 dias. Os efeitos destes extractos resultaram na redução do comprimento das raízes e dos rebentos. Na técnica de incorporação de resíduos, os rebentos comprimidos de *T. erecta* foram adicionados ao solo na concentração de 1, 2, 3 e 4% w/w de bases. Após uma semana de incorporação dos resíduos, as sementes de *P. hysterophorus* foram semeadas e as plantas foram colhidas 40 dias após a sementeira. A adição de 1-4% de resíduos diminuiu notavelmente a germinação em 25-88%. Em todas as concentrações, os resíduos suprimiram fortemente a biomassa das plantas em 90-97%.

Capítulo 3. MATERIAIS E MÉTODOS

3.1 Geral

3.1.1 Produtos químicos

O metanol utilizado para a extração das plantas, de grau analítico, foi adquirido à Fischer Scientific. O reagente de Folin-Ciocalteu, o ácido gálico, o peróxido de hidrogénio, o carbonato de sódio anidro (99,5%) e o hidróxido de sódio foram adquiridos à Sigma-Aldrich. O cloreto férrico foi adquirido à Roth.

3.1.2 Equipamentos

Os extractos foram concentrados com Rota vapor R-210 (Buchi Suíça). Todas as análises espectrais UV-vis foram efectuadas em metanol com um espetrofotómetro UV-Vis (UV-6000).

3.2 Recolha de material vegetal

O material vegetal fresco de *P. hysterophorus* foi colhido no Lahore College for Women University, Lahore e as plantas de *T. erecta* foram colhidas no Race Course Park / Jelani Park Lahore.

3.3 Extração

As plantas frescas foram lavadas e secas numa sala escura, ao abrigo da luz solar, para evitar a perda de compostos activos. O material vegetal seco foi moído num moinho até se tornar um pó fino. Estes materiais vegetais foram guardados em frascos separados e rotulados.

A extração envolve a separação da parte ativa das plantas dos componentes inactivos ou inertes, utilizando um procedimento de extração padrão com solventes selectivos. Foi utilizado o método de **"maceração"** para a extração.

3.3.1 Maceração

Para o processo de maceração, o material seco, depois de pesado, foi mergulhado em metanol num frasco hermético durante uma semana, à temperatura ambiente e ao abrigo da luz solar, com agitação frequente, até que toda a matéria solúvel se dissolvesse. Em seguida, a mistura foi coada, o bagaço foi prensado e os líquidos combinados foram clarificados por decantação ou filtração, depois de terem permanecido em repouso. A extração com metanol foi repetida 3-5 vezes até se obter um sobrenadante límpido e incolor, que indicava que não era possível efetuar mais nenhuma extração do material vegetal. Os extractos obtidos por maceração foram concentrados num evaporador rotativo sob pressão reduzida e a uma temperatura de 35-37°C. Os extractos brutos foram pesados e os dados foram registados.

3.4 Recolha de sementes de trigo

No presente estudo, foram utilizadas sementes certificadas e saudáveis de milho (*Z. mays*, cultivar de sementes híbridas, X8F 932). As sementes foram obtidas da Punjab Seed Corporation Lahore e foram armazenadas à temperatura ambiente em embalagens herméticas.

3.5 Bioensaio para determinação do efeito alelopático

3.5.1 Esterilização superficial de sementes

Para evitar a contaminação por fungos, as sementes foram esterilizadas à superfície por imersão numa solução de 3% (H_2O_2) durante 5 minutos e lavadas cinco vezes com água destilada esterilizada imediatamente antes da utilização. Em seguida, as sementes foram colocadas em placas de Petri sobre papel de filtro esterilizado. Todo o material de vidro foi lavado com ácido antes da utilização.

3.5.2 Germinação de sementes

As sementes foram consideradas germinadas quando o comprimento dos radicais era superior a 2 mm. A taxa de germinação foi determinada pela contagem do número de sementes germinadas em intervalos de 24 horas até que não houvesse mais germinação por mais de três dias.

3.5.3 Crescimento das plântulas

O crescimento das plântulas foi monitorizado após três dias de intervalo até 9 dias. O comprimento da raiz e o comprimento do rebento foram medidos usando uma escala de centímetros. A biomassa das plântulas foi determinada pelo peso fresco.

3.5.4 Percentagem de fitotoxicidade

A percentagem de fitotoxicidade dos extractos de plantas no crescimento de raízes e rebentos foi calculada após dez dias de crescimento de plântulas utilizando a seguinte fórmula dada por Chou e Lin (1976):

$$\% \text{ Phytotoxicity of root} = \frac{\text{Root length of control - Root length of experimental}}{\text{Root length of control}} \times 100$$

$$\% \text{ Phytotoxicity of shoot} = \frac{\text{Shoot length of control - Shoot length of experimental}}{\text{Shoot length of control}} \times 100$$

3.5.5 Índice de vigor

O índice de vigor (VI) foi determinado utilizando a fórmula de Iqbal e Rahmati (1992):

VI = (comprimento médio da raiz + comprimento médio do rebento) x % de germinação

3.5.6 Índice de tolerância

Para avaliar a tolerância das plântulas aos metais pesados, o índice de tolerância de Wilkinson (WTI) foi calculado utilizando a fórmula dada por Koornneef *et al.* (1997):

$$I_t = (I_{me}/I_c) \times 100$$

Onde I_{me} é o aumento do crescimento da raiz numa solução de iões metálicos e I_c é o aumento do crescimento da raiz no controlo após 9 dias.

3.6 Análise fitoquímica

A análise fitoquímica do material vegetal de *P. hysterophorous* e *T. erecta* foi efectuada de duas formas: i.e.

> Qualitativo

> Quantitativo

A análise qualitativa foi efectuada para detetar a presença de diferentes grupos de compostos, incluindo terpenos, alcalóides, saponinas, flavonóides, glicosídeos e fenólicos, etc. Para a análise quantitativa, o conteúdo fenólico total dos extractos brutos de metanol de ambas as plantas foi determinado colorimetricamente.

1.1.1 Análise qualitativa

As soluções de reserva de todas as amostras para análise fitoquímica foram preparadas dissolvendo $0,1$ mg ml^{-1} de extractos em água destilada.

Flavonóides: A presença de flavonóides na amostra foi detectada tratando o extrato com H_2SO_4. Surgiu uma cor amarela a laranja que confirmou a presença de flavonóides no extrato.

Glicosídeos: Para os glicosídeos, misturou-se 1 ml de KOH a 10% recentemente preparado com 1 ml de extrato. A formação de precipitados vermelho-tijolo indicou a presença de glicosídeos.

Fenólicos: Para verificar a presença de fenólicos, adicionaram-se 2 gotas de $FeCl_3$ a 5% a 1 ml do extrato num tubo de ensaio. O aparecimento de precipitados esverdeados confirmou a sua presença.

Saponinas: Para detetar a presença de saponinas, agitou-se vigorosamente 2 ml da amostra de ensaio no tubo de ensaio para efetuar o teste de formação de espuma. A formação de espuma confirmou a presença de saponinas.

Esteróides: Para os esteróides, adicionaram-se 5 gotas de H_2SO_4 concentrado a 1 ml de amostra num tubo de ensaio. A coloração vermelha indica a presença de esteróides.

Taninos: Para a deteção de taninos, 1 ml da amostra foi misturado com 1 ml de KOH a 10% recentemente preparado. Os precipitados brancos sujos indicaram os taninos.

Triterpenos: Os triterpenos foram detectados adicionando 5 gotas de H2SO4 concentrado a 1 ml do extrato testado. O aparecimento de uma cor verde azulada confirmou a presença de triterpenos.

Alcalóides: Os alcalóides foram identificados pelo teste de Dragendroff. Adicionaram-se 2-3 gotas do reagente de Dragendroff (Iodeto de Bismuto e Potássio) a 1mL de extrato. O aparecimento de uma cor vermelha alaranjada indica a presença de alcalóides.

Cumarinas: A presença de cumarinas foi confirmada pela adição de 3 ml de NaOH a 10% a 2 ml do extrato da planta. A formação de cor amarela indica a presença de cumarinas.

Antocianina e Betacianinas: A 2 ml de extrato de planta, foi adicionado 1 ml de NaOH 2N e aquecido durante 5 minutos a 100^0 C. A formação de uma cor verde azulada indica a presença de antocianina e a formação de uma cor amarela indica a presença de betacianinas.

1.1.2 Análise quantitativa

A análise colorimétrica foi efectuada para quantificar o conteúdo fenólico total.

1.1.2.1 Preparação da amostra

As soluções de reserva de todas as amostras para análise fitoquímica foram preparadas dissolvendo $0,1$ mg mL^{-1} de extractos em água destilada.

1.1.2.2 Teor fenólico total (TPC)

O teor de fenólicos totais foi determinado utilizando o reagente de Folin-Ciocalteu (FC) segundo o método de Cliffe *et al.* (1994). O complexo fosfotungstato-fosfomolbdato do reagente é reduzido pelos fenólicos, dando coloração azul em condições alcalinas. De acordo com o método, 20 µℓ da amostra foram diluídos com 158 µℓ de água desionizada e 100 µl de reagente FC foi adicionado. Esta mistura foi colocada à temperatura ambiente durante 10 min. Foram adicionados 300 µℓ de solução de carbonato de sódio a 25% (p/v) à mistura. Foi então incubada a 40 °C. Após arrefecimento durante meia hora, a absorvância foi medida a 765 nm contra o metanol utilizado como branco.

O ácido gálico foi utilizado como padrão para construir a curva de calibração nas mesmas condições descritas acima (apêndice), e a TPC foi calculada a partir desta curva utilizando a seguinte equação:

$Y = 2{,}8074x + 0{,}0268; R^2 = 0{,}9148$

Em que Y é a absorvância e x é a concentração de ácido tânico.

Os resultados foram expressos em mg de equivalente de ácido gálico (GAE)/g de extrato seco (dE).

3.7 Capacidade de eliminação de peróxido de hidrogénio

A capacidade dos extractos de *P. hysterophorus* e de *T. erecta* para eliminar o peróxido de hidrogénio foi determinada de acordo com o método de Ruch et al (1989). O peróxido de hidrogénio (40 mM) foi preparado em tampão fosfato (pH 7,4). 0,1 ml de extrato de planta (1,0, 0,5 e 0,25 mg/ml) em metanol foram adicionados a 0,6 ml de peróxido de hidrogénio. A absorvância do peróxido de hidrogénio a 230 nm foi determinada 10 minutos depois em relação a uma solução em branco contendo metanol. A percentagem de eliminação de peróxido de hidrogénio dos extractos de *P. hysterophorus* e *T. erecta* e dos compostos padrão foi calculada:

$$\% \text{ Scavenged } [H_2O_2] = [(AC - AS)/AC] \times 100$$

Em que AC é a absorvância do controlo e AS é a absorvância na presença da amostra dos extractos de *P. hysterophorus* e *T. erecta*.

3.8 Análise estatística

Todas as experiências foram efectuadas em triplicado e os dados apresentados como média $\pm$ desvio-padrão (DP). A análise estatística foi efectuada utilizando o Microsoft Excel 2007. As diferenças entre médias foram avaliadas pelo teste t de Student com $P = 0,05$.

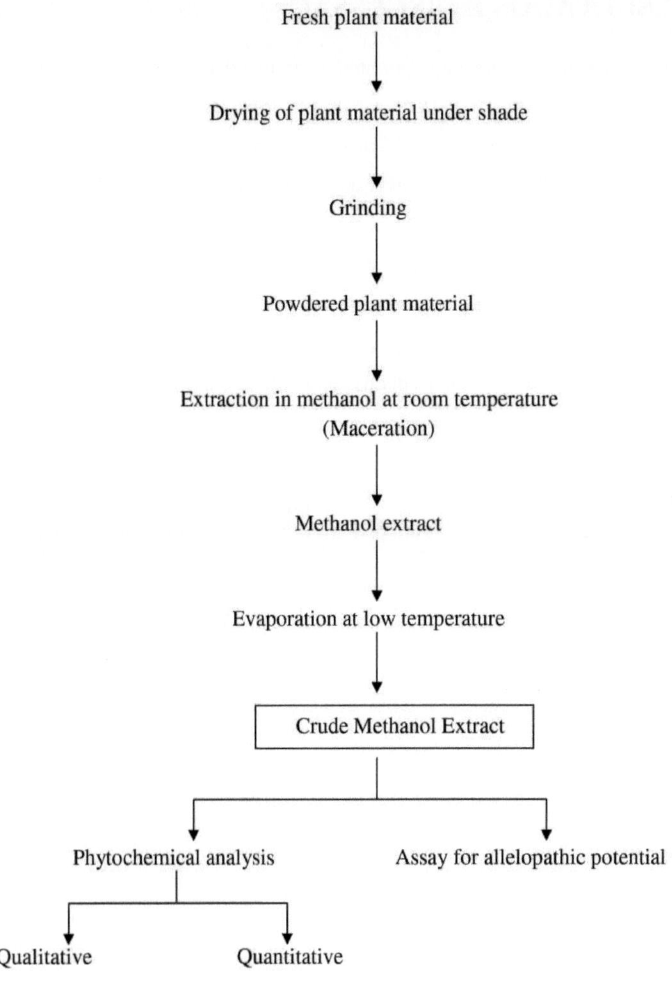

Figura 3.1 Esquema do estudo fitoquímico e biológico das duas espécies vegetais

Capítulo 4 . RESULTADOS E DISCUSSÃO

Prevê-se que a alelopatia seja um mecanismo importante no processo de invasão de plantas. A falta de tolerância coevolutiva da vegetação residente a novas substâncias químicas produzidas pelo invasor pode permitir que estas espécies recém-chegadas dominem as comunidades vegetais naturais (Hierro e Callaway 2003). No presente estudo, *P. hysterophorus* e *T. erecta* foram seleccionadas para verificar o seu efeito biológico na germinação e no crescimento de plântulas de sementes de *Z. mays*. *A P. hysterophorus*, devido à sua capacidade invasiva e às suas propriedades alelopáticas, tem o potencial de perturbar os ecossistemas naturais e é considerada uma planta infestante notória (Evans 1997). *A T. erecta* é uma planta ornamental que tem sido utilizada para inibir o crescimento desta infestante em algumas partes do mundo.

4.1 Extração de material vegetal

As plantas de *P. hysterophorus* e *T. erecta* em estudo foram extraídas utilizando metanol como solvente de extração. O metanol tem sido utilizado para a extração de componentes biologicamente activos de plantas medicinais em vários estudos. No presente estudo, duas espécies de plantas deram rendimentos diferentes de extrato bruto de metanol que estão resumidos na Tabela 4.1. Em *P. hysterophorus, a % de rendimento do extrato de* metanol bruto foi de 22%, enquanto em *T. erecta* a % de rendimento do extrato de metanol bruto foi de 38%.

Tabela 4.1 Quantidade e percentagem de rendimento dos extractos metanólicos de *P. hysterophorus* e *T. erecta.*

Plantas	Fresco Peso (g)	Peso seco (g)	Metanol bruto (g)	% de idade do bruto extrato*
P. hysterophorus	780	425	22	5.17
T. erecta	1650	346.93	38	10.95

*% de idade em relação ao peso seco

4.2 Análise qualitativa

Os fitoquímicos são compostos vegetais biologicamente activos presentes em frutos, legumes, cereais e outros alimentos vegetais que desempenham um papel importante na redução do risco das principais doenças crónicas. Estima-se que 5000 fitoquímicos individuais tenham sido identificados em frutas, legumes e grãos, mas uma pequena percentagem ainda permanece desconhecida e precisa de ser identificada antes de podermos compreender plenamente os benefícios para a saúde dos fitoquímicos em alimentos integrais (Liu, 2004). Existem evidências aparentes de que os compostos biologicamente activos reduzem o risco de muitas doenças, incluindo doenças crónicas como as doenças cardiovasculares.

A análise fitoquímica dos esteróides, flavonóides, glicosídeos, fenólicos, triterpenos, taninos, cumarinas, antocianinas, betacianinas, saponinas e alcalóides em extractos de plantas de duas espécies foi realizada por métodos diferentes. Os extractos de ambas as plantas revelaram a presença de diferentes metabolitos secundários.

Para *P. hysterophorus*, a análise fitoquímica do extrato da planta mostrou a presença de flavonóides, fenólicos, triterpenos, cumarinas, antocianinas e alcalóides. Enquanto os esteróides, glicosídeos, taninos, betacianinas e saponinas estavam completamente ausentes. Para a *T. erecta*, a análise fitoquímica do extrato da planta mostrou a presença de flavonóides, glicosídeos, fenólicos, triterpenos, taninos, cumarinas, betacianinas, saponinas e alcalóides, enquanto os esteróides e as antocianinas estavam completamente ausentes (Quadro 4.2).

Quadro 4.2 Análise fitoquímica qualitativa do extrato bruto de *P. hysterophorus* e *T. erecta*

	Solução de extrato bruto de *plantas*	
Fitoquímico	*P. hysterophorus*	*T. erecta*
Flavonóides	+	+
Glicosídeos		+
Fenólicos	+	+
Saponinas		+
Esteróides		
Taninos		+
Triterpenos	+	+
Alcalóides	+	+
Caumarina	+	+
Antocianinas	+	
Betacianinas		+

+: Presença -: Ausência

4.3 Análise quantitativa

4.3.1 Teor fenólico total

O conteúdo fenólico total do extrato bruto em metanol de *P. hysterophorus* e *T. erecta* foi determinado utilizando o reagente Folin-Ciocalteu e a equação linear. O teor de fenólicos totais presente no extrato bruto de *P. hysterophorus* foi de 18,52 GAE/g dE e no de *T. erecta* foi de 15,68 GAE/g dE. *A P. hysterophorus* tinha um conteúdo fenólico total mais elevado do que a *T. erecta* (Quadro 4.3)

Quadro 4.3 Fenólicos totais em extractos brutos *de P. hysterophorus* e *T. erecta*

Extractos brutos de plantas	Teor de fenólicos totais (GAE/g dE)
P. hysterophorus	18.52
T. erecta	15.68

4.4 Atividade de eliminação de H2O2

O peróxido de hidrogénio é um agente oxidante fraco e pode inativar diretamente algumas enzimas, geralmente por oxidação de grupos tiol (-SH) essenciais. Pode atravessar rapidamente as membranas celulares e, no interior da célula, o H2O2 reage provavelmente com iões $Fe^{2+,}$ e possivelmente Cu^{2+} para formar o radical hidroxilo, que pode estar na origem de muitos dos seus efeitos tóxicos (Nagavani et al., 2010). Por conseguinte, é biologicamente vantajoso para as células controlar a quantidade de peróxido de hidrogénio que se pode acumular. A atividade de eliminação de H2O2 dos extractos brutos de *P. hysterophorus* e *T. erecta* foi determinada em concentrações de 0,25, 0,5 e 1 mg/ml. A atividade de eliminação aumentou com o aumento da concentração do extrato de *P. hysterophorus*, com uma percentagem de atividade de eliminação de 34,77, 40,62 e 92,79% a 0,25, 0,5 e 1 mg/ml, respetivamente. Para *T. erecta*, a atividade de eliminação de H2O2 foi de 1,95, 62,76 e 59,11% a 0,25, 0,5% e 1mg/ml, respetivamente (Figura 4.1). Entre as duas plantas, o extrato de *P. hysterophorus* teve uma maior atividade de eliminação de H2O2, que também tinha um conteúdo fenólico mais elevado.

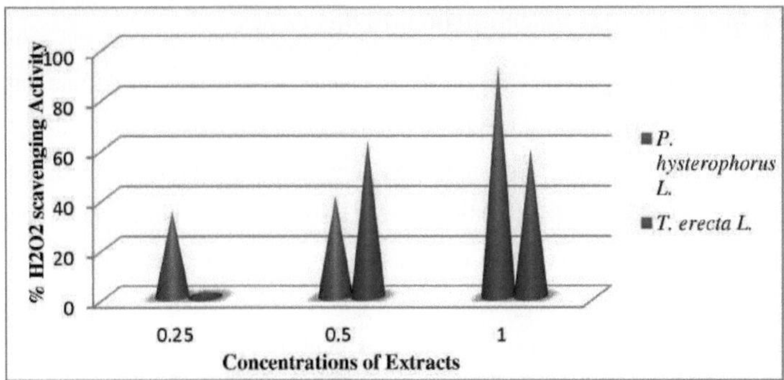

Figura 4.1 Atividade de eliminação de H2O2 dos extractos de *P. hysterophorus* e *T. erecta*

4.5 Efeito dos extractos de plantas na % de germinação das sementes

Os extractos de ambas as plantas afectaram a germinação de sementes de *Z. mays de* forma diferente. No caso da *P. hysterophorus,* o extrato da planta a uma concentração de 2,5 mg/ml estimulou a germinação de sementes de milho com 60 e 80% de germinação nos dias 2 e 3, em comparação com o controlo (50% de germinação em ambos os dias). O extrato na concentração de 7,5 mg/ml inibiu totalmente a germinação das sementes (Quadro 4.4).

No caso da *T. erecta,* o extrato da planta na concentração de 7,5 mg/ml mostrou um efeito estimulante na germinação das sementes no dia 3 (60% de germinação) em comparação com o controlo (50% de germinação). A 2,5 e 5 mg/ml o extrato mostrou um efeito inibidor na germinação das sementes (40% e 10% de germinação, respetivamente), enquanto a 10 mg/ml o efeito foi o mesmo que no controlo (50%).

Tabela 4.4 Efeito do extrato de *P. hysterophorus* e *T. erecta* na % de germinação de sementes de *Z. mays*

% Percentagem de germinação

Tratamentos	P. hysterophorus			T. erecta		
(mg/ml)	Dia 1	Dia 2	Dia 3	Dia 1	Dia 2	Dia 3
Controlo	0	50	50	0	50	50
2.5	0	60	80	0	40	40
5	0	10	40	0	0	10
7.5	0	0	0	0	30	60
10	0	30	50	0	40	50

4.6 Efeito dos extractos de plantas no comprimento das raízes

Os resultados do efeito do extrato de metanol de ambas as plantas no crescimento da raiz em plântulas de milho estão resumidos na Tabela 4.5. Para a *P. hysterophorus*, as concentrações de 2,5 e 10 mg/ml do extrato bruto de metanol mostraram um efeito estimulante no crescimento da raiz em termos de aumento do comprimento da raiz (10,08±7,13 e 10,76±6,83 cm, respetivamente) em comparação com o controlo (9,12±5,18 cm) no final do período de estudo. A inibição completa do crescimento da raiz foi observada a 7,5 mg/ml, enquanto uma diminuição no comprimento da raiz foi observada a 5 mg/ml (4,77±1,13 cm). Trabalhos anteriores também relataram que lixiviados foliares de *P. hysterophorus* reduziram o alongamento de raízes de milho e soja (Bhatt *et al.* 1994).

Para *T. erecta,* a concentração de 10 mg/ml de extrato bruto de metanol mostrou um efeito estimulante no crescimento da raiz em termos de aumento do comprimento da raiz (9,14±6,19 cm) em comparação com o controlo (9,12±5,18) no final do período de estudo. Enquanto uma diminuição no comprimento da raiz foi observada a 2,5, 5 e 7,5 mg/ml (7,6±6,38, 2±0,06, 5,88±3,64 cm respetivamente).

Quadro 4.5 Efeito do extrato metanólico de *P. hysterophorus* e *T. erecta* no comprimento da raiz de sementes de milho (*Z.* mays*)*

	Comprimento da raiz (cm)					
	P. hysterophorus			*T. erecta*		
Tratamentos	Observações					
(mg/ml)	**1**	**2**	**3**	**1**	**2**	**3**
Controlo	4.52±2.30	8.44±4.25	9.12±5.18	4.52±2.30	8.44±4.25	9.12±5.18
2.5	3.11±2.21	6.35±4.25	10.08±7.13	4.02±2.98	5.47±3.56	7.6±6.38
5	1.75±0.85	4.17±1.10	4.77±1.13	0	2±0.01	2±0.05
7.5	0	0	0	2.42±1.89	5.81±2.96	5.88±3.64
10	2.84±2.69	6.16±5.17	10.76±6.83	2.16±1.77	6.06±3.88	9.14±6.19

4.7 Efeito dos extractos de plantas no comprimento dos rebentos

O extrato de *P. hysterophorus* nas concentrações de 2,5, 5 e 10 mg/ml de extrato de metanol bruto mostrou um efeito estimulante no crescimento de rebentos de plântulas de milho (*Z. mays*), uma vez que aumentou o comprimento de rebentos (4,82±1,06, 4,4±0,95 e 5,26±0,89 cm, respetivamente) em comparação com o controlo (4,44±1,05 cm), enquanto a concentração de 7,5 mg/ml de extrato de metanol bruto inibiu completamente o crescimento de rebentos de milho (*Z. mays*). Em comparação com o controlo, *a T. erecta* exerceu um efeito inibitório no crescimento de rebentos em todas as concentrações, como indicado por uma diminuição no comprimento de rebentos em comparação com o controlo (Quadro 4.6).

Quadro 4.6 Efeito do extrato metanólico de *P. hysterophorus* e *T. erecta* no comprimento do rebento de sementes de milho (*Z. mays*)

	Comprimento do rebento (cm)					
	P. hysterophorus			*T. erecta*		
Tratamentos	Observações					
mg/ml	1	2	3	1	2	3
Controlo	1.58±0.60	3.24±0.50	4.44±1.05	1.58±0.60	3.24±0.50	4.44±1.05
2.5	1.81±1.01	3.35±0.70	4.82±1.06	0.6±0.58	2.67±0.61	3.92±0.35
5	0.65±0.4	2.57±0.37	4.4±0.95	0.3±0-01	3.1±0.02	4±0.06
7.5	0	0	0	0.63±0.49	2±0.53	3.38±0.50
10	1.52±0.58	3.22±0.81	5.26±0.89	1.44±1.34	3.1±1.20	4.36±0.41

4.8 Efeito dos extractos de plantas no peso fresco e seco

No caso de *P. hysterophorus*, o peso fresco das plântulas nas concentrações de 2,5 mg/ml e 10mg/ml foi elevado (0,61 g e 0,544 g) em comparação com o controlo (0,502 g), enquanto nas concentrações de 5 e 7,5mg/ml foi inferior ao controlo (0,502 g). O peso seco das plântulas nas concentrações de 2,5, 5, 7,5 e 10 mg/ml foi maior (0,213, 0,23, 0,25 e 0,238 respetivamente) do que o controlo (1,9 g)

No caso de *T. erecta*, o peso fresco das plântulas nas concentrações de 2,5, 5, 7,5 e 10mg/ml foi menor (0,435, 0,383, 0,475 e 0,476 g) em comparação com o controlo (0,502g). O peso seco das plântulas nas concentrações de 2.5, 5, 7.5 e 10 mg/ml foi maior (0.2, 0.2, 0.204 e 0.215g respetivamente) do que o controlo (1.9g)

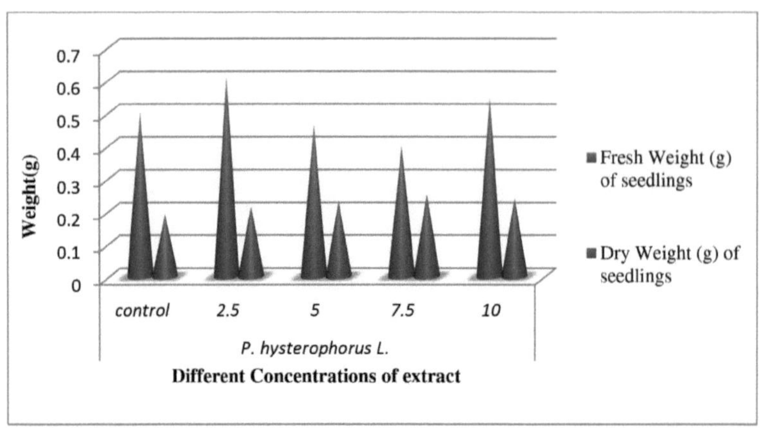

Figure 4.2 Peso fresco e seco (g) de plântulas de *Z. mays* tratadas com extrato de *P. hysterophorus*

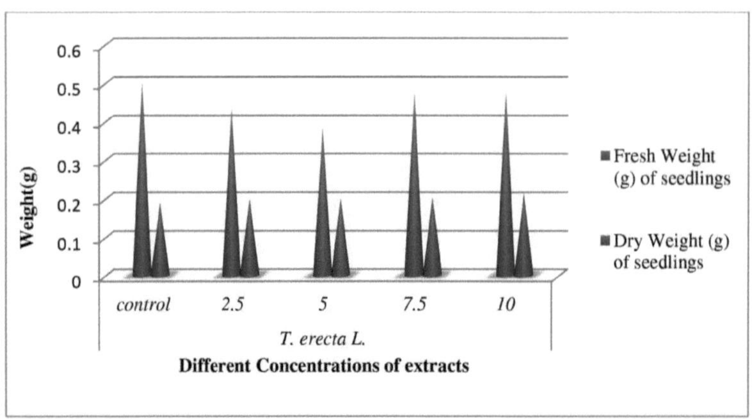

Figure 4.3 Peso fresco e seco (g) de plântulas de *Z. mays* tratadas com *extrato de T. erecta*

4,9 % Fitotoxicidade da raiz

Os resultados da fitotoxicidade dos extractos de ambas as plantas no crescimento radicular do milho são apresentados na Figura 4.4. A figura mostra claramente que o extrato de *P. hysterophorus* nas concentrações de 2,5 e 10 mg/ml apresentou um valor negativo para a % de fitotoxicidade (-10,52 e - 17,98), indicando um efeito estimulador do extrato no crescimento radicular do milho. A 5 e 7,5 mg/ml, os extractos foram fitotóxicos com 47,69 e 100 % de fitotoxicidade, respetivamente. Assim, conclui-se que o extrato de *P. hysterophorus* em concentrações mais baixas pode estimular o crescimento radicular do milho.

O extrato de *T. erecta* nas concentrações de 2,5, 5 e 7,5 mg/ml foi fitotóxico com 16,66, 78,07 e

35,52% de fitotoxicidade, respetivamente. Enquanto a concentração de 10 mg/ml do extrato apresentou um valor negativo para a % de fitotoxicidade (-0,21%), indicando um efeito estimulante do extrato no crescimento da raiz do milho.

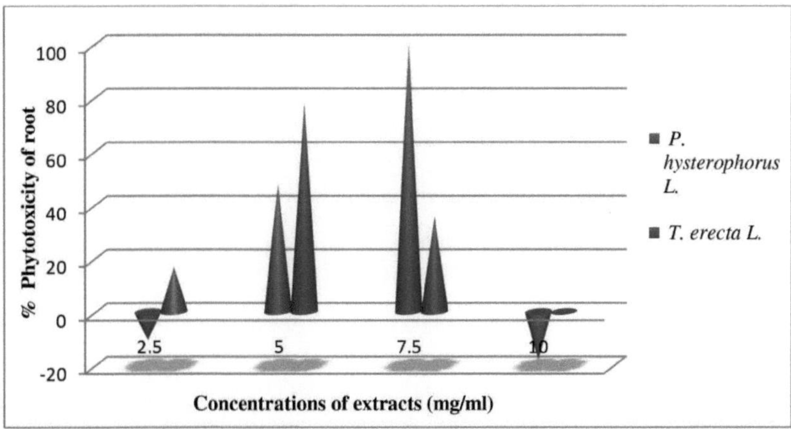

Figura 4.4 Efeito de diferentes concentrações de extractos de *P. hysterophorus* e *T. erecta* na % de fitotoxicidade da raiz de plântulas de *Z. mays*

4.10 % Fitotoxicidade do rebento

A % de fitotoxicidade de diferentes concentrações de extrato das duas plantas no crescimento de rebentos de plântulas de milho é apresentada na Figura 4.5. A partir da figura, é evidente que, nas concentrações de 2,5 e 10 mg/ml, o extrato de *P. hysterophorus* apresentou um valor negativo para a % de fitotoxicidade (-8,55 e -18,46, respetivamente), indicando um efeito estimulador do extrato no crescimento das raízes do milho. A 5 e 7,5 mg/ml, os extractos foram fitotóxicos com 0,90 e 100 % de fitotoxicidade, respetivamente. Assim, conclui-se que o extrato de *P. hysterophorus* em concentrações mais baixas pode estimular o crescimento radicular do milho. No caso da *T. erecta, a* figura mostra claramente que as concentrações de 2,5 e 7,5 mg/ml dos extractos foram mais fitotóxicas, com 11,71 e 23,87% de fitotoxicidade, e que as concentrações de 5 e 10 mg/ml dos extractos foram menos fitotóxicas, com 9,90 e 1,80% de fitotoxicidade, respetivamente.

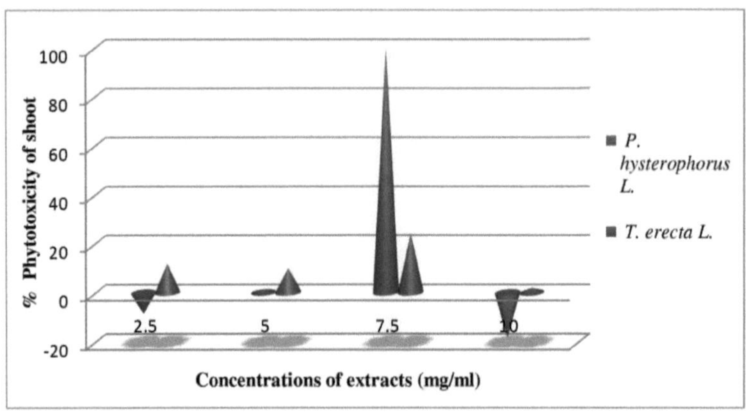

Figura 4.5 Efeito de diferentes concentrações de extractos de *P. hysterophorus* e *T. erecta* na % de fitotoxicidade do rebento de plântulas de *Z. mays*

4.11 Índice de vigor

Em comparação com o controlo (678), as concentrações de 2,5 mg/ml e 10 mg/ml do extrato de *P. hysterophorus* mostraram um valor elevado do índice de vigor para as plântulas (1192 e 801 respetivamente). Assim, conclui-se que ambas as concentrações mostraram um efeito estimulante. A concentração de 5mg/ml mostrou um índice de vigor baixo (366) e a concentração de 7,5 mg/ml mostrou um índice de vigor zero das plântulas. Enquanto todas as concentrações do extrato bruto de *T. erecta* mostraram um índice de vigor muito baixo das plântulas em comparação com o controlo e mostraram um efeito inibidor (Figura 4.6).

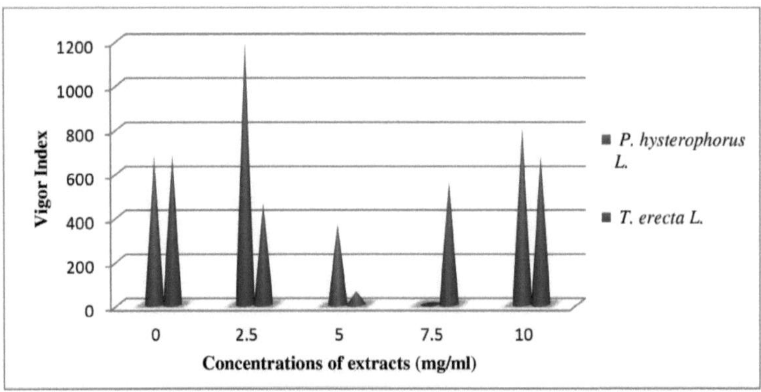

Figura 4.6 Efeito de diferentes concentrações de extractos de *P. hysterophorus* e *T. erecta* no índice de vigor de plântulas de *Z. mays*

4.12 Índice de tolerância

No caso de *P. hysterophorus,* na concentração de 7,5 mg/ml do extrato, as plântulas de milho apresentaram um índice de tolerância zero. Enquanto que para as concentrações de 2,5, 5 e 10 mg/ml as plântulas apresentaram índices de tolerância elevados (110, 52,30 e 117,98, respetivamente). No caso de *T. erecta,* na concentração de 10 mg/ml do extrato bruto, as plântulas de milho apresentaram um índice de tolerância máximo, enquanto nas concentrações de 2,5, 5 e 7,5 mg/ml as plântulas apresentaram índices de tolerância de 83,33, 21,92 e 64,47 (Figura 4.7).

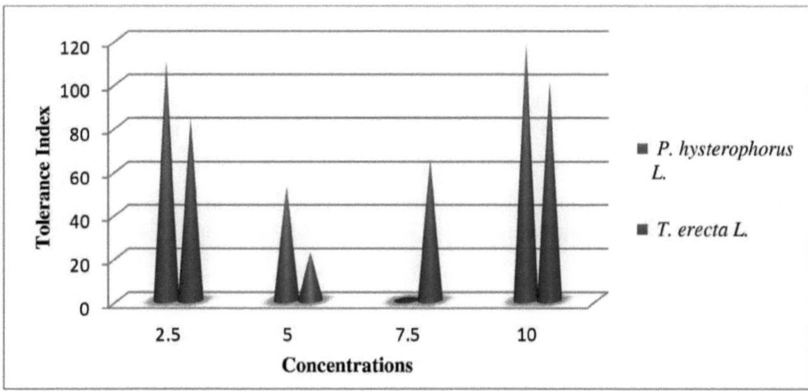

Figura 4.7 Índice de tolerância de *Z. mays* contra *P. hysterophorus* e *T. erecta*

CONCLUSÃO

A partir dos resultados, pode concluir-se que, entre as duas plantas, os extractos de *P. hysterophorus* estimularam a germinação de sementes e o crescimento de plântulas de *Z. mays* com um elevado índice de vigor, índice de tolerância e baixa % de fitotoxicidade a baixas concentrações, em comparação com *T. erecta*.

PLACAS

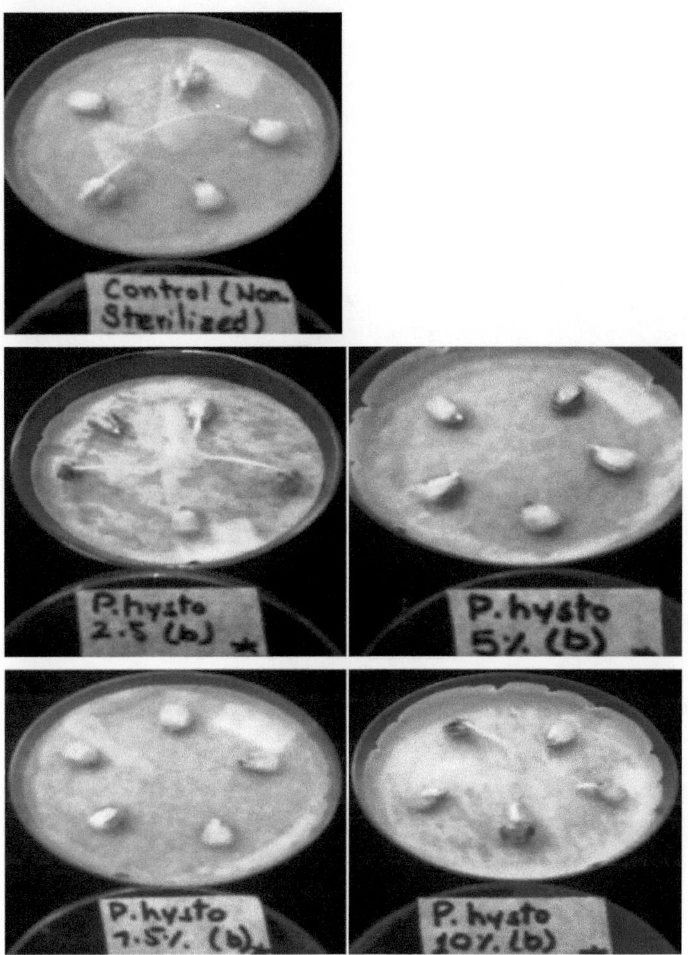

Placa I Germinação de sementes de *Z. mays* embebidas em diferentes concentrações de extrato de *P. hysterophorus* (dia 2)

Placa 2 Germinação de sementes de *Z. mays* embebidas em diferentes concentrações de extrato de *T. erecta* (dia 2)

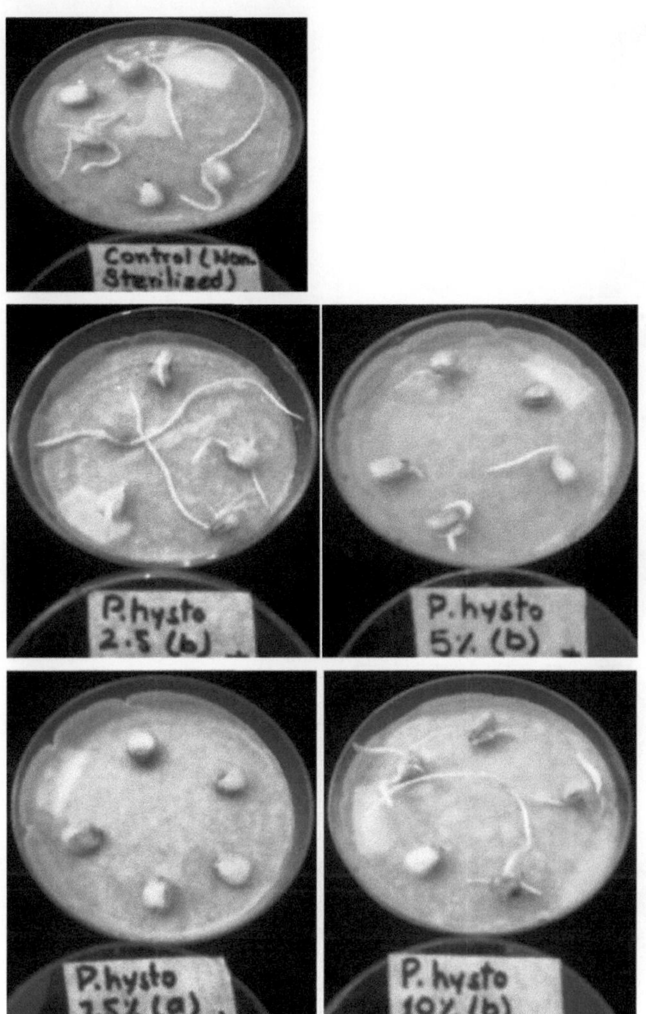

Placa 3 Sementes de *Z. mays* embebidas em diferentes concentrações de extrato de *P. hysterophorus* (dia 3)

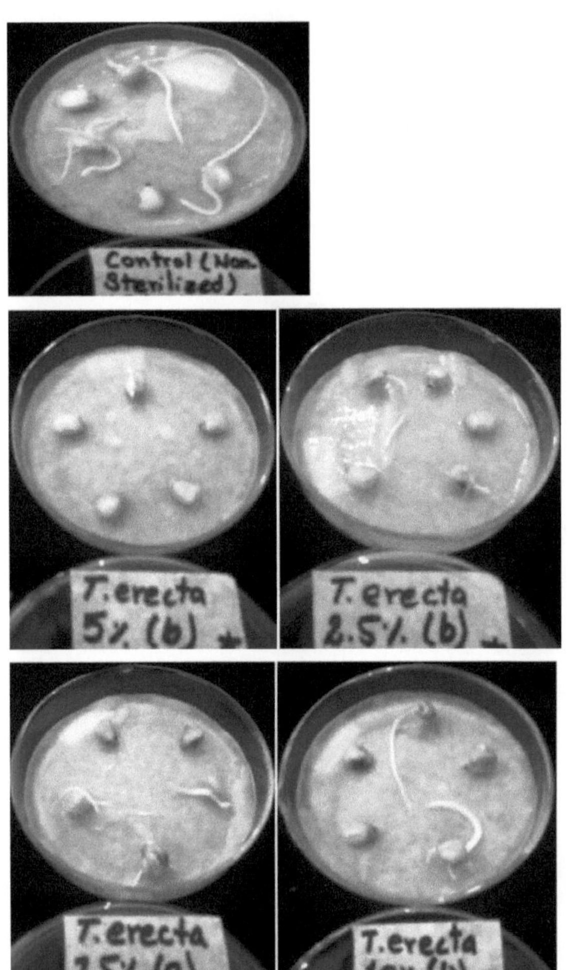

Placa 4 Sementes de *Z. mays* embebidas em diferentes concentrações de extrato de *T. erecta* (dia 3)

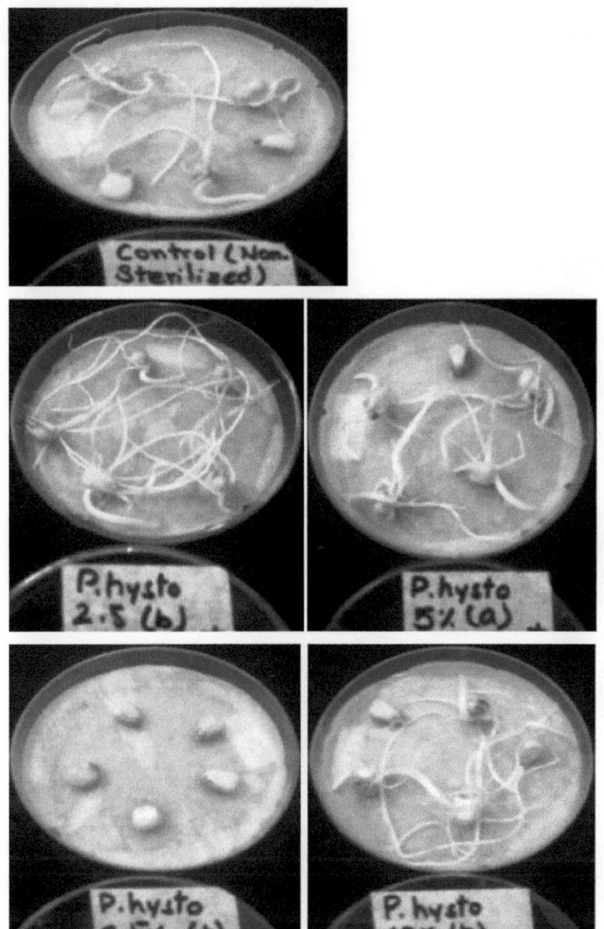

Placa 5 Sementes de *Z. mays* embebidas em diferentes concentrações de extrato de *P. hysterophorus* (dia 6)

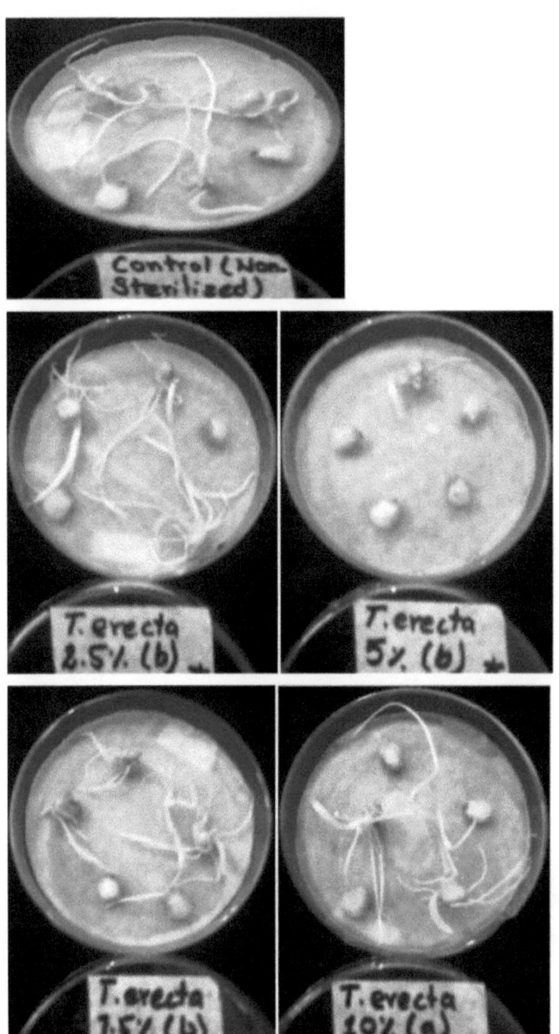

Placa 6 Sementes de *Z. mays* embebidas em diferentes concentrações de extrato de *T. erecta* (dia 6)

Einhellig, F.A., 1995. Mecanismo de ação dos aleloquímicos na alelopatia. In: *Allelopathy organisms, processes, and applications*, Inderjit, Dakshini K. M. M., edição de Frank A. Einhellig. Sociedade Americana de Química, pp 96-116.

Evans, H. C., 1997. *Parthenium hysterophorus:* uma revisão do seu estatuto de erva daninha e das possibilidades de controlo biológico. *Biocontrol News* and *Information*, **18**: 89-98.

Fay, P. K. e Duke, W. B., 1977. Uma avaliação do potencial alelopático em germoplasma de *Avena*. *Weed Science,* **25**: 224-228.

Funk, V. A., Bayer, R. J., Keeley, S., Chan, R., Watson, L., Gemein-holzer, B., Schilling, E., Panero, J. L., Baldwin, B. G., Garcia-Jacas, N., Susanna, A. e Jansen, R. K., 2005. Everywhere but Antarctica: using a super tree to understand the diversity and distribution of the Compositae. *Biologiske Skrifter. K. Danske videnskabernes Selska ,* **55**:343 - 374.

Ghani, A., 1998. Medicinal plants of Bangladesh chemical constituents and uses, 2ª ed., Asiatic Society of Bangladesh, Dhaka, pp 301-302.

Gommers, F. J. e Bakker, J., 1988. Doenças fisiológicas induzidas por respostas ou produtos vegetais. Pp. 3-22. Em F.J. Gommer e J. Bakker,(eds). Diseases of nematodes, vol.1 Boca Raton, FL: CRC Press

Gopi, G., Elumalai A. e Jayasri, P., 2012. Uma revisão concisa sobre *Tagetes erecta. Int J Phytopharmacy Res.,* 3: 16-19.

Gross, D., 1975. Substâncias reguladoras do crescimento de origem vegetal. *Phytochemistry,* **14**: 2105-2112.

Gutirrez, P., Martha, R. e Luna, H., 2006. Atividade antioxidante do óleo essencial de *Tagetes erecta. Jornal da Sociedade Chilena de Química,* **51**: 2.

Harborne, J. B. e Williams, C. A., 2000. Avanços na investigação sobre flavonóides desde 1992. *Phytochemistry,* **55**: 481-504.

Hernàndeza, V. S., Sàncheza, L. B., Bediaa, M. M. G., Gómeza, L. T., Rodrigueza, E. J., Miguelb, H. M. G. S., Mosqueraa, D. G., Garciaa, L. P., Dhooghec, L., Theunisc, M., Pietersc L. e Apers, S., 2011. Determinação de partenina em *Parthenium hysterophorus* L. por meio de HPLC-UV: Método, desenvolvimento e validação. *Phytochem. Lett.*, **4**: 134-137.

Herz, W. e Hogenauer, G., 1961. Isolamento e estrutura da coronopilina, uma nova lactona sesquiterpénica. *Journal of Organic Chemistry,* **26**: 5011-5013.

Hierro, J.L. e Callaway, R.M., 2003. Alelopatia e invasão de plantas exóticas. *Plant and Soil,* **256**: 29-39.

Hooper, M., Kirby, G. C., Kulkarni, M. M., Kulkarni, S. N., Nagasampagi, B. A., O'Neill, M. J., Phillipson, J. D., Rojatkar, S. R. e Warhurst, D. C., 1990. Antimalarial activity of parthenin and its derivatives. *Jornal Europeu de Química Medicinal*, **25**: 717-723.

Iqbal M. Z. e Rahmati K., 1992. Tolerância de *Albizia lebbeck* à aplicação de Cu e Fe. *Ekologia (CSFR)*, **11**: 427-430.

Jain, R., Katare, N., Kumar, V., Samanta, A. K., Goswami, C.K. e Shrotri, K., 2012. Potencial antibacteriano *in vitro* de diferentes extractos de *Tagetes erecta* e *Tagetes patula*. *Jornal de Investigação em Ciências Naturais*, **2**(5):84.

Javaid A., Shafique, S., Bajwa, R. e Shafique S. L., 2006. Efeito de extractos aquosos de culturas alelopáticas na germinação e crescimento de *Parthenium hysterophorus*. *Pakistan South African Journal of Botany*, **72**: 609-612.

Javaid, A. e Anjum, T., 2005. *Parthenium hysterophorus* L. - uma erva daninha nociva. *Pak. J. Weed Sci. Res.*, **11**: 1-6.

Javaid, A. e Anjum, T., 2006. Controlo de *Parthenium Hysterophorus* L., por extractos aquosos de gramíneas alelopáticas. *Pak. J. Bot.*, **38**(1): 139-145.

Javaid, A., Shafique, S. e Riaz. T., 2008. Efeitos de extractos de arroz e incorporação de resíduos na gestão de *Parthenium hysterophorus*. *Allelopathy* Journal, **22**(2): 353-362.

Kanchan, S. D. e Jayachandra, 1979, Efeitos alelopáticos de *Parthenium hysterophorus* L. III. Efeitos inibitórios do resíduo da erva daninha, *Plant and Soil*, **53**: 37-47.

Kanchan, S. D. e Jayachandra, 1980(a). Efeitos alelopáticos de *Parthenium hysterophorus* L. II. Lixiviação de inibidores das partes vegetativas aéreas. *Plant and Soil*. **55**: 61-66.

Kanchan, S. D. e Jayachandra, 1980(b). Efeitos alelopáticos de *Parthenium hysterophorus* L. IV. Identificação de inibidores. *Plant and Soil*, **55**: 67-75.

Khan, A. M., Saxena, S. K., e Siddiqi, Z. A., 1971. Eficácia de *Tagetes erecta* na redução de nemátodos infestantes de raízes de tomate e quiabo. *Indian Phytopathology*, **24**: 166169.

Kirtikar, K. R. e Basu, B. D., 1987. Indian Medicinal Plants. Lalit mohan Basu, Allahabad, Índia. pp 1385-1386.

Kohli, R. K. e Batish, D. R., 1994. Exposição de alelopatia por *Parthenium hysterophorus* L. em agroecossistemas, *Trop. Ecol.*, **35**: 295-307.

Koornneef, M., Alonso-Blanco, C. e Peeters A. j. M., 1997.Genetic approaches in plant physiology. *New Phytologist*, **137** (1):1-8

Krenn, L., Wollenweber, E., Steyrleuthner, K., Gorick, C. e Melzig, M. F., 2009. Contribuição dos flavonóides do exsudado metilado para a atividade anti-inflamatória da *Grindelia robusta*. *Fitoterapia*, **80**: 267-269.

Kumamoto, J., Scora, R. W. e Clerx, W. A., 1985. Composição dos óleos de folhas do género *Parthenium* L., Compositae. *Journal of Agricultural and Food Chemistry*, **33**: 650-652.

Kumar, S., Khandpu, S., Rao, D. N., Wahaab S. e Khanna, N., 2012. Resposta imunológica a *Parthenium hysterophorus* em doentes indianos com dermatite atópica sensível a *Parthenium*. *Immunol. Invest.*, **41**: 75-86.

Lakshmi, C. e Srinivas, C. R., 2007. Dermatite de Parthenium causada por hipersensibilidade imediata e retardada. *Dermatite de Contacto*, **57**: 64-65.

Lima, E. O., Gompertz, O. F., Giesbrecht, A. M. e Paulof, M. Q., 1993. Atividade antifúngica *in vitro* de óleos essenciais obtidos de plantas oficinais contra dermatófitos. *Mycoses*, **36**: 333-336.

Liu, R. H., 2004.Potencial sinergia de fitoquímicos na prevenção do cancro: mecanismo de ação. *J. Nutr.*, *134: 3479-3485*.

Lodhi, M. A. K. e Killingbeck, K. T., 1980. Inibição alelopática da nitrificação e das bactérias nitrificantes numa comunidade de pinheiros ponderosa (*Pinus ponderosa* Dougl.). Tese de Mestrado, Departamento Central de Botânica, Universidade de Tribhuvan. *American Journal of Botany*, **67**: 1423-1429.

Maharjan, S., 2006. *Fenologia, atributos foliares e potencial alelopático de Parthenium hysterophorus L., uma erva daninha invasora altamente alérgica no vale de Kathmandu*. Tese de Mestrado, Departamento Central de Botânica, Universidade de Tribhuvan.

Maharjan, S., Shrestha, B. B. e Jha, P. K., 2007. Efeitos alelopáticos do extrato aquoso de folhas de *Parthenium hysterophorus* L. na germinação de sementes e no crescimento de plântulas de algumas espécies herbáceas cultivadas e selvagens. *Mundo Científico*, **5**: 33-39.

Mersie, W. e Singh, M., 1987. Efeitos alelopáticos do extrato e do resíduo de Parthenium (*P. hysterophorus* L.) em algumas culturas agronómicas e ervas daninhas. *Journal of Chemical Ecology*, **13**: 1739-1747.

Mersie, W. e Singh, M., 1988. Efeito dos ácidos fenólicos e dos extractos de *Parthenium* (*Parthenium hysterophorus* L.) no crescimento do tomate (*Lycopersicon esculentum*) e no teor de nutrientes e clorofila. *Ciência das infestantes*, **36**: 278-281.

Nagavani, V., Madhavi, Y., Bhaskar Rao, D., Koteswara R. P. e Raghava R. T., 2010. Atividade de eliminação de radicais livres e análise qualitativa de polifenóis por RP- HPLC nas flores de

Couroupita guianensis Abul. *Revista eletrónica de química ambiental, agrícola e alimentar*, **9(9)**: 1471-1484.

Narasimhan, T. R., Harindranath, N., Ramakrishna Kurup, C.K. e Subba Rao, P. V., 1985. Effect of parthenin on mitochondrial oxidative phosphorylation (Efeito da partenina na fosforilação oxidativa mitocondrial). *Biochemistry International,* **11**: 239-244.

Navie, S. C., McFadyen, R. E., Panetta, F. D. e Adkins, S. W., 1996. The biology of Australian weeds 27. *Parthenium hysterophorus* L. *Plant Prot.,* **11**: 76-88.

Nikkon, F., Habib, M. R., Saud, Z. A., Karim, R., Roy, A. K. e Zaman, S., 2009. Avaliação toxicológica da fração clorofórmica da flor de *Tagetes erecta* em ratos. *Revista Internacional de Desenvolvimento e Investigação de Medicamentos*, **1**(1), 161-165.

Ogendo, J. O., Kostyukovsky, M., Ravid, U., Matasyoh, J. C., Deng, A. L., Omolo, E. O., Kariuki, S. T. e Shaaya, E., 2008. Bioatividade do óleo de *Ocimum gratissimum* L. e dois dos seus constituintes contra cinco pragas de insectos que atacam produtos alimentares armazenados. *Journal of Stored Products Research,* **44**: 328-334.

Pandey D. K., 1994(b). Inibição da salvínia (*Salvinia molesta* Mitchell) pelo partenium (*Parthenium hysterophorus* L.). II. Efeito relativo dos resíduos de flores, folhas, caule e raízes na salvínia e no arroz. *Journal of Chemical Ecology,* **20**: 3123-3131.

Pandey, D. K. e Mishra, N., 2002. Phytotoxicity of phenolics allelochemicals to aquatic weeds with reference to conservation, restoration and management of aquatic ecosystems. *wgbis.ces.iisc.ernet. in/energy/lake*

Pandey, D. K., 1996(b). Relative toxicity of allelochemicals to aquatic weeds. *Allelopathy Journal,* **3**: 240-246.

Pandey, D. K., Kauraw, L. P. e Bhan, V. M., 1993. Inhibitory effects of parthenium (*Parthenium hysterophorus* L) residue on growth of water hyacinth (*Eichhornia crassipes* (Mart.) Solms). *Jornal de Ecologia Química*, **19**(11), 2663-2670.

Patel, S., 2011. Aspectos nocivos e benéficos de *Parthenium hysterophorus*: uma atualização. *3 Biotech*, **1**(1): 1-9.

Patrick, R. S., Charland, M., Ramirez, S., Pez, M., Towers, T. G. H., Arnason, T. G., Liao, M. e Dillon R. J., 2012. Antimicrobial activity of flavonoids from *Piper lanceaefolium* and other colombian medicinal plants against antibiotic susceptible and resistant strains of *Neisseria gonorrhoeae. Doenças Sexualmente Transmissíveis*, **38**(2), 8188.

Patterson, D. T., 1981. Efeitos de produtos químicos alelopáticos no crescimento e nas respostas fisiológicas da soja (*Glycine max*). *Weed Science,* **29**: 53-59.

Picman, A. K., 1986. Actividades biológicas das lactonas sesquiterpénicas. *Biochemical Systematics and Ecology,* **14**: 255-281.

Picman, A. K., Balza, F. e Towers, G. H. N., 1982. Ocorrência de hysterin e di hydroisoparthenin em *Parthenium hysterophorus*. *Phytochemistry,* **21**: 1801-1802.

Picman, A. K., Towers, G. H. N. e Rao, P. V. S., 1980. Coronopilin - outra lactona sesquiterpénica importante em *Parthenium hysterophorus*. *Phytochemistry,* **19**: 2206-2207.

Picman, J. e Picman, A. K., 1984. Autotoxicidade em *Parthenium hysterophorus* e seu possível papel no controlo da germinação. *Biochemical Systematics and Ecology,* **12**:287292.

Prem, K., Maurya, B. R. e Ghosh, A. K., 2010. Utilização de Parthenium desenraizado antes da floração como composto: uma forma de reduzir os seus perigos a nível mundial. *Jornal Internacional de Ciência do Solo,* **5**:73-81.

Ramakrishna, A e Ravishankar, G. A., 2011. Influência dos sinais de stress abiótico nos metabolitos secundários das plantas. Plant Signal Behav, **6**(11): 1720-1731.

Ramesh, C., Ravindranath, N., Prabhakar, A., Gharatam, J., Tavikumar, K., Dashinatham, A. e McMorris, T. C., 2003. Pseudoguaianolides das flores de *Parthenium hysterophorus*. *Phytochemistry,* **64**: 841-844.

Ramos, A., Rivero, R., Victoria, M. C., Visozo, A., Piloto, J. e Garcia, A., 2001. Avaliação da mutagenicidade em *Parthenium hysterophorus* L. *Journal of Ethnopharmacology*, **77**: 25-30.

Regina, G. B., Reinhardtb, C. F., Foxcroftc, L. C. e Hurlea, K., 2007. Alelopatia de resíduos em *Parthenium hysterophorus* L. Será que a partenina desempenha um papel de liderança? *Proteção das culturas,* **26**: 237-245.

Rhama, S. e Madhavan, S., 2011. Atividade antibacteriana do flavonoide -patulitrina isolado das flores de *Tagetes erecta* L. *International Journal of Pharmaceutical Technology and Research*, **3**(3):1407-1409.

Rice, E. L., 1984. *Allelopathy*, 2.ª ed., Academic Press, Orlando, Florida, EUA. Academic Press, Orlando, Florida, EUA. pp. 6768

Rodriguez, E., 1977. Distribuição ecogeográfica de constituintes secundários em *Parthenium* (Compositae). *Biochemical Systematics and Ecology,* **5**: 207-218.

Rodriguez, E., Dillon, M. O., Mabry, T. J., Mitchell, J. C. e Towers, G. H. N., 1976. Lactonas sesquiterpénicas dermatologicamente activas em tricomas de *Parthenium hysterophorus* L.

(Compositae). *Experientia,* **32**: 236-237.

Rodriguez, E., Yoshioka, H. e Marby, T. J., 1971. A química da lactona sesqueterpénica do género *Parthenium* (Compositae). *Phytochemistry,* **10**: 1145-1154.

Romo de Vivar, A., Bratoeff, E. A. e Rios, T., 1966. Structure of hysterin, a new sesquiterpene lactone. *Journal of Organic Chemistry,* **31**: 673-677.

Roze, L. V., Chanda, A. e Linz, J. E., 2011. Compartimentalização e tráfego molecular no metabolismo secundário. A new understanding of established cellular processes, *Fungal Genetics and Biology,* **48**: 35-48.

Ruch, R.J., Cheng, S.J. e Klaunig, J.E., 1989. Prevenção da citotoxicidade e inibição da comunicação intracelular por catequinas antioxidantes isoladas do chá verde chinês. *Carcinogenesis,* **10**:1003-1008.

Rusak, G., Gutzeit, H. O. e Ludwig-Muller, J., 2002. Effect of structurally related flavonoids on hsp gene expression on human promyeloid leukaemia cells. *Food Technology and Biotechnology,* **40**: 267-273.

Shafiqu, S., Shafique, S., bajwa, R., Akhtar, N. e Hanif, S., 2011. Atividade fungitóxica de extractos aquosos e de solventes orgânicos de *Tagetes erectus* em fungos fitopatogénicos - *Ascochyta rabiei. Pak. J. Bot.,* **43**(1): 59-64.

Sharma, G. L. e Bhutani, K. K., 1988. Medicamentos antiamebianos à base de plantas; Parte II. Atividade amebicida da partenina isolada de *Parthenium hysterophorus. Planta Medica,* **54**: 120-122.

Sharma, V. K., Sethuraman, G. e Bhat, R., 2005. Evolução do padrão clínico da dermatite por partenium: Um estudo de 74 casos. *Contact Dermatitis,* **53**: 84-88.

Singh, H. P., Batish, D. R., Pandher, J. K. e Kohli, R. K., 2003. Assessment of allelopathic properties of *Parthenium hysterophorus* residues (Avaliação das propriedades alelopáticas dos resíduos de *Parthenium hysterophorus). Agriculture, Ecosystems and Environment,* **95**:537-541.

Soule, J., 1993. *Tagetes minuta*: A potential new herb from South America, In: Janick, J. e J. E. Simon (eds.), New Crops, Wiley, N.Y., Pp. 649-654.

Swaminathan, C., Vinaya, R. R. S. e Sureshi, K. K., 1990. Efeitos alelopáticos de *Parthenium hyterophorus* L. na germinação e crescimento de plântulas de algumas árvores polivalentes e culturas arvenses. *Int. Tree Crops J.,* **6**: 143-150.

Tefera, T., 2002. Efeitos alelopáticos de extractos de *Parthenium hysterophorus* na germinação de sementes e no crescimento de plântulas de *Eragrostis tef. Journal of Agronomy and Crop Science,*

188:306-310.

Towers, G. H. N., Mitchell, J. C., Rodriguez, E., Bennett, F. D. e Subbarao, P. V., 1977. Biologia e química de *Parthenium hysterophorus* L., uma erva daninha problemática na Índia. *Jornal de Investigação Científica e Industrial,* **36**: 672-684.

Tranel, P. J. e Wright T. R., 2002. Resistência das ervas daninhas aos herbicidas inibidores da ALS: What have we learned? *Weed Science,* **50**: 700-712.

Uribe, S., Ramirez, J. e Pena, A., 1985. Efeitos do beta-pineno nas funções da membrana da levedura. *Journal of Bacteriology,* **161**: 1195-1200.

Velickovic, D. T., Ristic, M. S., Randjelovic, N. V. e| Smelcerovic, A. A., 2002. Composição química e características antimicrobianas dos óleos essenciais obtidos da flor, folha e caule da *Salvia officinalis* L. originária do sudeste da Sérvia. *Journal of Essential Oil Research,* **14**: 453-458.

Venkataiah, B., Ramesh, C., Ravindranath, N. e Das, B., 2003. Charminarone, um *seco-pseudoguaianolide* de *Parthenium hysterophorus*. *Phytochemistry,* **63**: 383386.

Verma, K. K., Manchanda, Y. e Dwivedi, S. N., 2004. Failure of titer of contact hypersensitivity to correlate with the clinical severity and therapeutic response in contact dermatitis caused by parthenium. *Indian Journal of Dermatology, Venereology and Leprology,* **70**:210-213.

Verma, K. K., Sirka, C. S., Ramam, M. e Sharma, V. K., 2002. Dermatite de Parthenium que se apresenta como erupção liquenoide fotossintética. Uma nova variante clínica. *Contact Dermatitis,* **53**:84-88.

Wakjira, M., Berecha G. e Tulu, S., 2009. Efeitos alelopáticos de um composto de *Parthenium hysterophorus* L., uma erva daninha invasora, na germinação e crescimento da alface. *Jornal Africano de Investigação Agrícola,* **4** (11):1325-1330.

Wakjira, M., Berecha, G. e Bulti, B., 2005. Efeitos alelopáticos de extractos de *Parthenium hysterophorus* na germinação de sementes e no crescimento de plântulas de alface. *Tropical Science,* **45**(4): 159-162.

Warshaw, E. M. e Zug, K. A., 1996. Sesquiterpene lactone allergens. *American Journal of Contact Dermatitis,* 7:1-23.

Wickham, K., Rodriguez, E. e Arditti, J., 1980. Fitoquímica comparativa de *Parthenium hysterophorus* L. (culturas de tecidos de Compositae). *Botanical Gazette,* **141**: 435-439.

Yamane, A., Nishimura, H. e Mizutani, J., 1992. Alelopatia do agrião amarelo (*Rorippa sylvestris*) na identificação e caraterização de constituintes fitotóxicos. *J. Chem. Ecol.,* **18**: 683-691.

Zeng, R. S., Malik, A. U. e Luo, S. M., 2008. *Allelopathy in Sustainable Agriculture and Forestry (Alelopatia na agricultura e silvicultura sustentáveis)*. Springer Science and Business Media, LLC: Nova Iorque, NY, EUA.

APÊNDICE

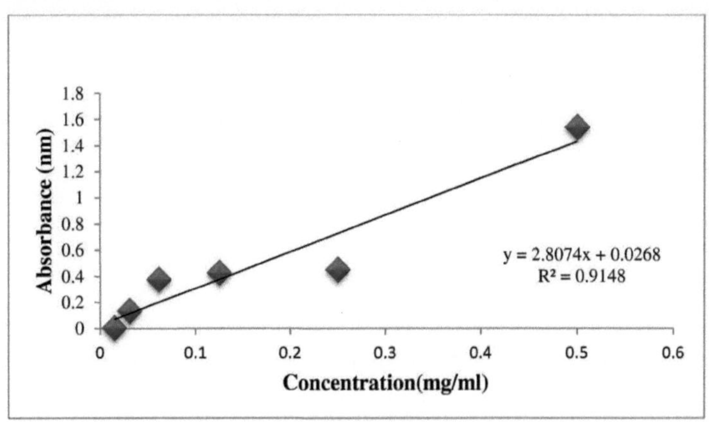

Curva de calibração para o ácido gálico

yes
I want morebooks!

Buy your books fast and straightforward online - at one of world's fastest growing online book stores! Environmentally sound due to Print-on-Demand technologies.

Buy your books online at
www.morebooks.shop

Compre os seus livros mais rápido e diretamente na internet, em uma das livrarias on-line com o maior crescimento no mundo! Produção que protege o meio ambiente através das tecnologias de impressão sob demanda.

Compre os seus livros on-line em
www.morebooks.shop

info@omniscriptum.com
www.omniscriptum.com

Printed by Books on Demand GmbH, Norderstedt / Germany